成功大智慧

格 局

马 良　唐 容　编著

民主与建设出版社

·北京·

图书在版编目（ＣＩＰ）数据

格局 / 马良，唐容编著 . -- 北京：民主与建设出

版社 , 2019.11

（成功大智慧）

ISBN 978-7-5139-2851-9

Ⅰ . ①格… Ⅱ . ①马… ②唐… Ⅲ . ①成功心理—通

俗读物 Ⅳ . ① B848.4-49

中国版本图书馆 CIP 数据核字 (2019) 第 272443 号

格 局

GE JU

出 版 人	李声笑	
编 著	马 良 唐 容	
责任编辑	刘树民	
封面设计	大华文苑	
出版发行	民主与建设出版社有限责任公司	
电 话	（010）59417747 59419778	
社 址	北京市海淀区西三环中路 10 号望海楼 E 座 7 层	
邮 编	100142	
印 刷	三河市刚利印刷有限公司	
版 次	2020 年 4 月第 1 版	
印 次	2023 年 9 月第 2 次印刷	
开 本	880 毫米 ×1230 毫米 1/32	
印 张	25	
字 数	605 千字	
书 号	ISBN 978-7-5139-2851-9	
定 价	128.00 元（全 5 册）	

注：如有印、装质量问题，请与出版社联系。

现代社会，每个人都渴望成功，都希望成为一个出类拔萃的人，可是真正能够达到这个目的的人却寥寥无几。成功，对很多人来说，是可望而不可即的事。

然而，在我们的身边，却又有很多人成功了。这些人或许并没有我们优秀，平时也没有多么显眼，但是，几乎是在一夜间，这些人就变得与我们不同：无数的光环戴在了他们头上，无尽的财富落入了他们的腰包。

这些人是如何成功的呢？难道说，他们是天才，或是超人？不是的，他们也大都是普通人。例如，著名发明家爱迪生，小时候曾被老师赶出校门，认为他不是读书的料，可是他硬是凭着勤奋地努力和艰苦地实践，拥有了两千多项发明和一千多项专利。

那么，如何才能成功呢？无数人的实践告诉我们，成功需要智慧。这种智慧并不是天生的，也不是父母遗传的，而是后天通过学习得来的。

人生就像是一条走也走不完的路，成功总会在终点等着你。这条路坎坎坷坷，有连绵起伏的群山，有无数的艰难险阻，需要你有顽强的意志和坚强的毅力，才能越走越近。

每个人都需要经历许多次人生的考验，进行各种不同的尝试，不断地去奋斗，才能到达目的地。如果你能在悲伤的时光里看到希望，在困苦的绝境里看到光明，那么希望终将来临。

许多成功人士都经历过失败，但是他们都坚持了下来。他们总是能从失败中汲取教训，从挫折中总结经验，最终脱颖而出。

天降的挫折并不是上帝的拒绝，而是生活对我们的磨砺，只有经过千锤百炼的磨砺，我们的心才会在遭遇困难的时候，变得越来越坚强；我们脚下的路，才会在经过众多曲折后，走得越来通畅。这些简单的道理其实就是成功的智慧。

人生需要这样的智慧，成功也不能或缺这样的智慧。为了帮助青少年走上成功之路，我们精心编撰了这套"成功大智慧"丛书，包括《强者生存法则》《墨菲定律》《羊皮卷》《鬼谷子》《格局》五本，分别以生存法则、处事规则、勤奋学习、谋略智慧、人生格局等方面为切入点，以通俗的语言，朴实的道理，详细论述了走向成功的诸多秘诀。

相信通过本书的阅读，无论是个人或团队，都可以从中找到自己所需的经验方法和成功之道。让我们立即付诸行动，早日加入成功之列吧！

目录

第一章　理想有多远，格局就有多大

心有多大舞台就有多大 \ 002

做一个有理想有追求的人 \ 008

成功源自于远大理想 \ 013

准确定位人生的GPS \ 017

让理想带着我们飞翔 \ 020

坚定理想，磨炼意志 \ 022

别让梦想在途中夭折 \ 025

命运掌握在自己手中 \ 029

挑战梦想才能拥有未来 \ 034

追求理想不能急于求成 \ 037

第二章　用责任心铸就人生格局

勇于承担自己的责任 \ 042

做好分内的事 \ 046

在工作中要有担当 \ 049

有担当才能成大事 \ 053

绝不逃避应负的责任 \ 056

像领导那样承担责任 \ 058

永不退缩，敢于挑战压力 \ 060

敢于实践，塑造自强人生 \ 065

直面困难，自强不息 \ 068

对自己做的事负责 \ 072

做事不要斤斤计较 \ 074

第三章 小小爱心隐藏大的格局

把爱心奉献给社会 \ 080

爱是人的一种基本需要 \ 082

人生的价值在于奉献 \ 084

生命的目的在于爱人 \ 088

用爱搭起心的桥梁 \ 093

施以爱心，不图回报 \ 097

施予不是付出，而是拥有 \ 100

参与公益，奉献爱心 \ 102

帮助别人，快乐自己 \ 106

懂得感恩，回报社会 \ 109

关爱他人，使人生更有价值 \ 114

平等待人，使友爱长留人间 \ 117

第四章 有见识的人必然有大格局

学会独立才能更优秀 \ 122

独立自主才能自力更生 \ 125

自己能做的事情自己做 \ 128

勇敢做自己的主人 \ 132

成功源于当机立断 \ 134

从多方面培养果断能力 \ 138

认定的事情要立即去做 \ 140

做一个意志坚强的人 \ 143

拥有坚强的意志力 \ 146

墨守成规是人生的大忌 \ 149

第一章
理想有多远，格局就有多大

　　通常一个人的理想有多远，他的格局就有多大。我们虽然没有能力改变世界的格局，但是却有能力改变自己人生的格局。所以，不要轻易地否定自己，不要轻易打乱自己的格局，一旦确定，就应该勇往直前，无所畏惧地走下去。

　　处事有格局，才能够笑看云卷云舒，从容淡定，不以物喜，不以己悲，不为一时得失所左右，才能够让我们行事一路畅通，最终引领我们走向理想的目的地。

心有多大舞台就有多大

随着我们逐渐长大，我们的自我意识开始迅速发展，就会对认识"自我"表现出极大的兴趣。此时，我们要注意培养、激发与保护自我意识的发展，特别要注意培养自我接受能力和自我认识能力，正视自己，不断自我勉励，建立自信心。

青少年本来处于不断成长的时期，不断发展、不断超越，是这一人生阶段的基本要素与要求，也是成长的标志。长身体，长知识，初步确立人生观和世界观，是我们此时的"天职"。我们青少年理应信心十足、朝气蓬勃，应对未来充满美好憧憬。

心指引着我们人生的方向，环境虽能造就人的品性，但不能改变我们坚定的意志。不要太在意你头顶上的那层屋檐是高还是低，因为那不是最重要的，最重要的是你能不能让自己飞扬在心灵的天空中，越飞越高。

心有多大舞台就有多大，这是促进一个人成功的理念，只有你的心里一直惦念着草原，你才有可能坚持去看一看你心里的那个草原。只有心里想到了，才有可能做到。

朋友，我们来看看一个侏儒症小女孩的心有多大，意志有多坚强吧：

　　1980年，逯家蕊在吉林省吉林市出生时，体重为三千克，一切正常，但是在2岁左右的时候，父母发现她长得特别矮。经过多方求医，逯家蕊得到的诊断是：垂体性侏儒症。经过治疗，最终，她的身高定格在1.16米。

　　随着年龄的增长，逯家蕊渐渐习惯了别人异样的眼光。可是，身高直接影响到逯家蕊的求学。很多学校都因为她长得太矮小，担心她身体会出问题而拒绝她入校就读。经过父母多方面的努力，逯家蕊终于顺利上学，并在高考时，考入长春师范学院，英语专业。

　　选择英语专业，是逯家蕊的父母和逯家蕊商量过的。大家都认为，学英语、做翻译工作很适合她。

　　在大学期间，因为逯家蕊的个子太矮，坐下去就看不到黑板，她只能站着上课，常常一节课下来腿都肿了。她就是这样站着读完了大学，顺利通过专业英语八级考试的。

　　很多人都不相信，以为逯家蕊会很自卑。在她上小学和初中时，她的确有过自卑，但上高中、大学后，她便一直很坚强和自信，因为她知道：人活着总会有挫折、有坎坷，个子矮不是自己的错。

　　大学毕业后，由于逯家蕊不仅拿到大学本科文凭，还顺利拿到八级英语证书，很多单位向她抛出橄榄枝。考虑到暂时不能离父母太远，她选择在长春一家制药企业做兼职翻译，同时还为上海、北京和杭州的三家企业做网上翻译的工作。

　　一个身高只有一米多点儿的女孩，不仅实现了自理，而且顺利地考上大学，顺利拿到毕业证，获得了英语专业八级证书，找到了合适的工作，为自己撑起了一片天，真是值得我们每一个人敬佩。这真是人小志气高，心有多大舞台就有多大啊！

　　种子怀着对春天的渴求，冲破泥土的禁锢，迎来了轻快的春风；蝴蝶怀着对世界的梦想，冲破茧蛹的封闭，迎来了芬芳的鲜花；鸣蝉怀着对新生的憧憬，冲破蝉蜕的束缚，迎来了清凉的微风。朋友，敞开你心灵的门吧，大胆去追求你的目标，实现你的梦想，成就你的憧憬！不管你多么平凡、多么渺小，但要相信心有多大，舞台就有多大。

　　志当存高远。崇高的理想可以激发人的才智，激励人奋发向上。唯有心怀梦想，才有一飞冲天的壮举；唯有志在蓝天，才有盘旋翱翔的雄姿。雏鹰，激荡着信心和毅力，历经磨难，终于成为天空中飞翔的精灵。

　　有这样一个故事：

　　　　在一个群山起伏连绵不断的山区里，儿子问父亲："山的那一边是什么？"

　　　　从来没有走出过大山的父亲告诉儿子："山的那一边是山。"

　　　　儿子又好奇地问道："山的那一边最后是什么呢？"

　　　　吸着自己做的老烟袋的父亲很肯定地说："还是山！"

　　　　儿子长这么大第一次没有相信父亲说的话。他在心里想着：山的那一边一定不是山。他想象着各种美丽的画面，并且下定决心，将来自己一定要走出这一片大山，去看看山的那一边到底是什么。

后来，儿子长大了，他背着包袱，尝试走出那一片祖祖辈辈的思想误区。最后他坚持着自己的信念，不辞千辛万苦，终于走出了那一片连绵起伏的山，映入他眼帘的是一片蔚蓝色的大海。

假如这个小男孩相信了父亲说的话，他就很可能一辈子见不到蔚蓝的大海了！可喜的是他怀着远大的志向，因此走出了大山，看到了山外的世界，看到了梦想中的大海。

心有多大，舞台就有多大。小小的蜗牛因携着重重的壳而行动缓慢，在其他动物的嘲笑和讥讽中却依然不放弃自己的梦想，跳跃在自己心灵的舞台上。

终于，蜗牛在不断攀登、不断仰望的过程中踏上了最高点，寻找到了属于自己的天空，登上了属于自己的舞台。

平凡的身躯，当拥有渴望时，心灵的舞台会彰显它的高大；渺小的生命，当怀有梦想时，心灵的舞台会放大它的光芒。

心有多大，舞台就有多大。没有世人的掌声，便用心灵奏乐，将自己先征服，先感动。我们不能做到让所有人都认可我们，但我们可以做自己的观众。

拿破仑说过，不想当将军的士兵不是好士兵，因为一个人只有拥有了更远大的梦想，在心中有了更大的舞台，才会付出更多的努力，才会是一个好的舞者，才能创造更大的价值。

人生的志向犹如一盏长明灯，照亮着我们人生成功的道路；犹如一首感人肺腑的乐曲，激励着我们勇往直前、永不言败。人生志向犹如航海中的罗盘，有了罗盘，才能更准确地到达胜利的彼岸。

少年周恩来胸怀大志——为中华崛起而读书。他不怕风雨的洗礼，不怕恶浪的袭击，不怕条件的恶劣，不怕旅程的曲折，坚持不懈地朝着目标奋斗，他伟大的领袖形象永远在人们心中。

竺可桢在少年时就写下自己的人生志向："我将一生学好科学，以科学来唤醒中华，振兴中华。"之后，他就为之不停地努力拼搏，最终，他在气象学等领域取得了非凡的成就。

少年茅以升立志要做一名出色的桥梁建筑专家，以后要建造坚固而实用的大桥。因为有了志向，他也就有了努力、奋斗的方向，因此，他最终成为一名著名的桥梁大师，实现了自己的人生志向，钱塘江大桥、武汉长江大桥就是他人生志向最好的见证。

人生有远大志向才能充满意义与色彩。带着人生志向去追逐人生中的彩虹，相信你一定可以拥有一个多彩的人生。否则，你很可能庸庸碌碌一辈子，甚至连自己都养活不了。

天上不会掉馅饼，生活不会毫无缘故地送给你礼物，你付出多少，就会收获多少；你想到多少，就会做出多少。它只为你的所作所为付出报酬。

我们心中的志向可以将我们带入平常人所不能到达的世界，在那个世界里，有我们渴望获得的一切。思想有多远，我们的路就能走多远。

在这个充满竞争与挑战的时代，有梦想才能发展，有梦想才能走上成功之路，有信心才能进步。每个人心中都应该有一个舞台，心有多大，舞台就有多大。

作为青少年我们要时刻记着：心中的舞台是发展的动力和求取成功的源泉，大胆务实地确立目标，并坚定不移地实现目标，这是无数人取得成功的法宝。

青少年朋友们，让我们认准自己的方向，朝着目标，勇敢前进吧！前方，就是胜利的曙光！朋友们啊，让我们唱起这首歌——《小小志向》，一起飞翔吧：

我有一个小小的志向，

像那白鸽一样，白鸽一样，

练就坚强的翅膀，

在蓝天里自由飞翔，自由飞翔。

啊！自由飞翔，自由飞翔。

歌唱着美好，

传递着吉祥。

坚定的誓言永记心上，

让小小的志向插上腾飞的翅膀。

我有一个小小的志向，

像那军舰一样，军舰一样。

汽笛一鸣就起航，

在大海里搏击风浪，搏击风浪。

啊！搏击风浪，搏击风浪。

保卫着祖国，

守卫着边疆。

豪迈的誓言永记心上，

让小小的志向闪烁灿烂的光芒。

……

做一个有理想有追求的人

一天又一天，一年又一年，随着时间的悄悄流逝，我们在爸爸妈妈的呵护下慢慢地长大了。在成长的路上，我们的生理和心理经历了许多变化，例如长大长高、情绪容易波动、兴趣易转移等。

其中，最明显的心理表现就是出现了成人意识，认为自己已经成熟、已经长成成人了。因而在行为活动、思维认识等方面，很多人便表现出了成人的样子。

在心理上，我们渴望别人把自己看作大人，尊重自己、理解自己。但由于年龄的不足，社会经验、生活经验及知识存在一定的局限性，我们在思想和行为上还比较盲目，做事通常带有明显的孩子气、幼稚性。

那么，我们应该怎么做，才能让自己不仅从外表上像个成人，而且从心理上也向着成人方向靠近呢？这其中就需要我们对自己的人生目标和未来有一定的规划。只有提前做好规划，我们在未来的路上才会走得更稳，我们的人生也才会变得更加辉煌。这里所说的对人生目标和未来规划的能力，就是志商，也就是青少年的立志能力。

一般来说，一个人的人生的发展规律与运行程序大概是这样的：志向→目标→梦想→欲望→性格→态度→习惯→命运。而志向与目标是决定命运的重要因素。

一个人没有志商，就等于没有目标，而没有目标的人很难取得成功。小志小成，大志大成，许多人一生平淡，不是因为没有才干，不是因为智商低，而是缺乏志向和清晰的发展目标。

对青少年来说，志商是不可或缺的一种能力——我们一定要做好自己的志向定位。而做好志向定位的第一步，就是要做一个有理想有追求的人。

事实上，每个人都有自己的理想，每个人都会为自己的未来绘制出一张张美丽的蓝图。只有在青少年时代就树立崇高的理想，才能使自己的价值尽早得到发挥。

理想的重要性

对于青少年来说，理想是非常重要的。试想一下，当一个人步入晚年，打开自己的回忆录时，如果发现自己走过来的路是那么曲折而生动，那他肯定会为之一惊。

他也许会对自己年轻时的勇敢与智慧感到自豪，也许会对自己的愚昧和无知而感到可笑，不管怎样，他都会感到快乐和幸福。但是，如果一个人到晚年时，为自己的碌碌无为而悔恨，那将是人世间最悲哀的事情了。

人们常说："人生短暂，我们要过一个充实而有意义的人生。"有意义的人生也就是用毕生的心血去实现自己心中最美好、最远大的梦，这就是理想。

在生活中，人们经常可以看到这样的现象：有的人斗志旺盛、意志坚强、愈挫愈勇；有的人却意志薄弱，遇挫折便灰心丧气，甚至沉沦堕落。这种差别就在于是否有崇高的理想。困难、挫折总是像影子一样跟随着每一个人，只有迎着光明前行，才能将其抛在身后。

古往今来，理想之花鼓舞着众多有志之士的奋发之帆，崇高的理想激励了一代又一代的热血青年奋发向上。青少年正处于人生的关键时期，能否树立远大的理想，将会对我们的人生发展产生重大的影响。

如果把人生比作是一次伟大的航行，那么理想便是指引我们到达成功彼岸的灯塔。

一位哲人曾经说道："对于盲目的船来说，所有风向都是逆风。"可对许多人来说，比起选择随波逐流的生活，设定一个目标是一件痛苦的事，所以他们一直迷茫地走在没有目的地的道路上。因为迷茫，他们感到了空虚，于是他们利用所有的时间来追求享乐，参加对己对人都无益的活动。他们不停地绕着同一个圈子，但结局并不比初时好——没有理想的磨砺与指引，毛毛虫就不可能成为破茧而出的蝶。

可见，理想可以为我们指引前进的方向，让我们找到成功的道路。理想还可以为我们的成长提供源源不断的动力——作为人生追求的目标，我们为了实现理想就要以坚强的毅力、顽强的斗志、勇于拼搏的精神去奋斗。

因此，理想便成了我们前进的动力，促使我们创造出不平凡的成绩。正如高尔基所说："一个人追求的目标越高，他的才能在发挥过程中对社会就越有益。"

作为新时代的主力军，青少年必须树立起远大的理想，只有这样才能提高自己人生的起点，并为自己的发展寻求到无限的动力。

理想，是力量的源泉；理想，是心中的绿洲；理想，是指路的明灯，引领人们走向成功。只有树立了理想，才会有前进的目标与动力，才有可能取得成功。

如何树立理想

青少年应该怎样树立理想呢？

首先，要明确理想的类别。

理想按其内容可分为社会理想和个人理想。社会理想是人们对未来社会制度和社会面貌的预见和希望。个人理想包括每个人的道德理想、学习理想、职业理想、生活理想等。

道德理想是对做人的标准和道德境界的向往和追求，即人们对道德人格的向往。学习理想是对学习文化和社会知识的追求。职业理想是指人们对未来工作的向往和追求。生活理想是人们对未来的吃、穿、住、行、爱情、婚姻、家庭等具体目标的追求。社会理想贯穿于个人理想之中，又是每个人全部理想的基础和归宿。

青少年应有符合社会发展规律的社会理想。老一辈无产阶级革命家陶铸告诉我们："无论在什么样的社会里，一个人的理想，是为了多数人的利益，为了社会的进步，对社会生产力的发展起了促进作用，也就是说，合乎社会发展规律，就是伟大的理想。"

同时，我们还应有符合社会规范及自身实际的个人理想。理想按奋斗的时间长短可分为长期的远大理想和近期的具体理想。远大理想是指人们在某一方面或各个方面的远大追求，往往需要人们通过较长的时间乃至终生的努力奋斗才能实现。

近期理想是人们在当前一段时间内更为明确具体的追求、通过较短时间就能达到的目标。远大理想是近期理想的集合。我们既要树立远大理想，更要确定近期目标。通过不断奋斗达到一个个近期目标，逐步实现远大理想，犹如"积小流而成江海"。

其次，要注意理想的特点。理想具有能动性。

理想属于社会意识，是社会存在的反映。它对人生、对社会有着重大的指导和促进作用。理想是社会进步的助推器，是人生航程的指南针；理想是人类发展的动力源泉，是人生奋斗的精神支柱。正如有位哲人所言："理想是指路明星。没有理想，就没有坚定的方向，而没有方向，就没有生活。"理想的能动作用对青少年是至关重要的。

理想具有可变性。世界在不停地变化，社会在不断地发展，人们的理想不能一成不变，而是应随着社会条件及个人实际活动的广度、深度不同而更新。当理想脱离了社会及自身现实而难以实现时，就应当进行调整、修正。

理想具有稳定性。社会环境和个人条件在一定时期内具有相对的稳定性，所以人们的理想也应维持一定的稳定。有了稳定的理想，才能坚定追求，毫不动摇地为之奋斗。如果理想处于随时摇摆的状态，它就不成为理想，而是空想、幻想，人们将无所适从。英国著名学者培根曾说："毫无理想而又优柔寡断是一种可悲的心理。"有了既定的理想，就有了前进的方向。

最后，理想要切合现实的条件。

确立理想要符合客观条件。客观条件是人们确立理想的外部环境。任何理想都是一定的社会经济关系和其他社会条件的产物，不可能脱离当时的社会现实。

确立理想应与当前的社会制度、国家法律、伦理道德、经济水平、家庭条件、学校环境等客观条件相适应。从发展的角度看，理想可以高于现实，但不能脱离现实，正如有位哲人所言："人需要理想，但是需要人的符合自然的理想，而不是超自然的理想。"

确立理想要切合主观条件。主观条件是人们确立理想的内在依据。每个人的理想不尽相同，主要是因为各自的条件有别。青少年在确立个人理想时，应切合自身的基础、现状、潜能、兴趣、意志、性格、情感等条件，要对自我有比较全面适当的评估，既不妄自尊大，也不妄自菲薄，依据自身的条件，确立最适合自我的理想。

综合主客观条件，即有了"天时、地利、人和"。只要不懈地努力，生活的理想就能成为理想的生活。居里夫人说得好："如果能追随理想而生活，本着正直自由的精神，勇敢直前的毅力，诚实不自欺的思想而行，则定能臻于至美至善的境地。"

理想是一个亘古不变的话题，是每一代人、每一个人都不能不认真思考的问题。理想属于每一个人，但对于青少年尤其重要，在青少年时代树立远大的理想，就会使自己的一生更加有意义、有价值。

因此，在人生的道路上，一定要抓住最美好的时光，用具体的行动成就我们的美好人生！

成功源自于远大理想

古往今来，成功人士的经验无不告诉我们，成功源自理想。理想最大的意义就是给了人们一个方向、一个目标。天下之大，不管是哪一个伟人，只要是有成就者，做任何事情无不是先树立伟大的理想。

远大的理想是我们伟大的目标。仅仅拥有理想，不一定能成功；但如果没有理想，成功对你而言就无从谈起。如果做事情没有理想，没有目标，那么其结果会是怎样的呢？有人说过："没有理想的人生，不叫真正的人生。"

亲爱的青少年朋友，让我们来看一个关于理想的故事吧。

　　一位年轻的妈妈正在厨房里洗碗，她5岁的儿子正在后院里玩耍，忽然她听到了一阵"咚咚"的跳跃声，便对他喊道："你在干什么呢？"

　　儿子稚嫩地回答说："妈妈，我要跳到月球上去。"

　　妈妈听了并没有做出一副吃惊的样子，或是不屑一顾的表情，而是关切地说："好的，但是不要忘记回家吃饭呀！"

　　后来，这个小孩长大后，成为世界上第一个登上月球的人，他就是美国著名的宇航员阿姆斯特朗。

由此可以看出，一个远大的志向对于一个人的人生的重要性。当然，也许有人会说，阿姆斯特朗的成功只是一个偶然，甚至是一个巧合，和他小时候的志向没有关系。那么，下面的一项调查也许更能说明这一个问题。

英国的研究人员曾经做过一项长达30余年的调查，他们针对上万名英国人进行跟踪调查，被调查的对象为11岁左右的孩子，研究者让他们在纸上写下自己对未来的展望，然后封存起来，直至他们42岁的时候再开启。

结果发现，具有远大志向的孩子，长大以后的人生更容易成功。在11岁时便有专业技术职业抱负的孩子当中，约有一半的人在42岁的时候从事这类职业，而没有此类抱负的孩子的比例只占20%。

理想是一个人的信仰。它是人在做事情时候的动力。并且，理想也理应被渲染上浪漫的色彩。它是一个人心里的美好世界。

理想，是永远闪耀在夜幕中的那颗最亮、最炫目如钻石般的星；理想，是炽热无边的沙漠里那座看得见却始终走不近的城市；理想，是一张拉满的弓，鼓起的帆。有理想才会有坚定的信念、不懈的追求，才会有缤纷绚丽的人生。

理想是成功路上的一盏明灯，它照亮你前进的方向。如果你不知道自己的方向，你就会谨小慎微，裹足不前。不少人终生都像梦游者一样，漫无目标地游荡，他们每天都按照熟悉的"老一套"生活，缺少做梦的能力，从来不问自己："我这一生要干什么？"他们对自己的作为很不了解，因为他们不再做梦，不再有理想。

理想是石，敲出星星之火；理想是火，点燃熄灭的灯；理想是灯，照亮夜行的路；理想是路，引你走到黎明。理想开花，桃李要结甜果；理想抽芽，榆杨会有浓荫。

一个具有远大理想的人，同时也会具有坚定不移的决心、信心和毅力，在困难面前不动摇、不退缩、不迷失方向。通常，理想远大的学生都会有较强的成就动机，其积极性、自觉性、主动性、意志力都较强，因而，学习成绩也相对优异。相反，不考虑自己将来做什么工作，没有想过将来做什么的人，没有明确的目标，表现在学习上是消极被动、敷衍应付的，成绩也多不理想。

人生，需要理想，成功的人生更离不开理想。如果翻开史册，你便会发现，自古以来，凡是在事业上有所成就的人必定是青少年时代就胸怀大志的。

人生，是一艘船，理想便是指引方向的罗盘；人生，是一列火车，理想便是延伸道路的铁轨。所以，人生不能没有理想，理想之于人生，犹如空气之于人，阳光之于花草，水之于鱼。

如果人生没有理想，就像小溪的流水只能带走凋谢的青春花瓣；如果人生没有理想，就像山间燃烧的野火已失去了原有的生命色彩；如果人生没有理想，那么青春的活力只消失在低吟浅咏的哀叹中，青春的火焰只能熄灭在杯的泡沫中。

只有树立了崇高的理想、远大的抱负，你才有可能成就伟大的事业。可以说，理想一旦确定了，你就成功了一半，这就好像要远航的帆船有了宽大结实的风帆，不管途中风再大、浪再高，只要坚持心中不灭的信念，它总会带领你驶向成功的彼岸。

青少年朋友，我们要从小树立自己的远大理想，为自己的成功之路奠定一个良好的基础。让我们一起来唱一首《理想》之歌吧：

> 如果有个机会就在你眼前，
> 是否能够把它抓在手心里面。
> 别让自己的情绪轻易善变，
> 美好未来可能就在刹那之间。
>
> 如果有个机会就在你眼前，
> 你是否能够把它抓在手心里面。
> 别让自己的情绪轻易善变，
> 美好未来可能就在刹那之间。
>
> ……

准确定位人生的GPS

GPS（Global Positioning System的缩写）是全球定位系统，在我们外出时，有了它，就可以直达目的地，不会因为不熟悉路况而迷失方向。那么人生的"GPS"又是什么呢？让我们一起来看看下面的这个故事吧！

法国著名化学家维克多·格林尼亚在受到他人的侮辱后，立志干出一番成就来，为自己的人生找到了航标。

他年轻的时候，是一个浪荡公子。在一次盛大的宴会上，他邀请一位漂亮的姑娘跳舞的时候，遭到了严词拒绝——那位姑娘怒不可遏地说："请你站远一点，我最讨厌你这样的花花公子挡住我的视线。"

这句话深深地刺痛了格林尼亚的心。在震惊、痛苦之后，他幡然醒悟，决定改变人生。

在为自己的人生树立志向后，他给家人留下了一个字条："请不要探问我的下落，容我刻苦努力学习，我相信自己将来会创造出一番成就的！"

后来，他发明了以他的名字命名的"格氏试剂"，荣获了诺贝尔化学奖。

格林尼亚的经历说明，一个人什么时候有了志向，就在什么时候踏出成功的第一步。可见，志向的重要性是不言而喻的。人们只要在心中燃起一个梦想、扬起一张风帆，摆正自己的航向，向着美好的未来前进，一定能驾驭着智慧的帆船，抵达胜利的彼岸。

树立志向是人生中的转折点。人需要有自己的理想，而这个理想就促使了志向的形成。人们随着自己的理想，不断地去追逐自己的志向，然后奔着自己的志向去改变自己的生活。

在人生的旅途中，只有在人生的GPS——志向的指导下，才能沿着正确的方向前进，才能胜利地到达理想的彼岸，可见，树立志向是人生中非常重要的事情。但是，志向的实现并非唾手可得，而是需要用数年、数十年，甚至一辈子的时间去追求。

然而，在现实生活中，有很多聪明的同学，但学习成绩却总是不理想，其主要的原因通常是：目标感不强。这样的同学，通常做事虎头蛇尾，不能坚持，就像下面故事中的主人公一样。

20世纪40年代，有一个年轻人，先后在慕尼黑和巴黎的美术学校学习画画。后来，他就靠卖画来维持生计。

一天，他的一幅未署名的画被一个人误认为是毕加索的画而买走了。经过这件事以后，他想："我何不去模仿毕加索呢？"此后，他放弃了自己的风格，转向模仿伪造毕加索的画，一模仿就是20多年。

20多年以后，他一个人来到西班牙的一个小岛上——他想有一个家，让自己安顿下来。有一天，他再一次拿起了画笔，以自己的风格画了一些风景画和肖像画，并署上自己的姓名出售。但是，由于长期模仿伪造毕加索的画，他的画风过于感伤，主题也不明确，没有得到他人的认可。

　　这个人就是埃尔米尔·霍里。不可否认的是，霍里在绘画方面有独特的天赋和才华，但是，由于他没有找准自己的方向，没有找到自己的目标，终于陷进泥沼，不能自拔，并终究难逃败露的结局。最令人可惜的是，他长时间地在模仿别人的画，以至于丢了自己最宝贵的思想，在模仿中渐渐迷失了自己，再也画不出属于自己风格的作品了。

　　霍里错把别人的目标当成了自己的目标，最终难逃失败的结果。可见，一个目标感不强的人，是很难成功的。有人说："两个以上的目标就等于没有目标。"这又从另一个角度诠释出目标是需要专注的。

　　青少年是祖国的未来。作为青少年，在自己的人生中，大家希望扮演什么样的角色呢？是被动地由他人安排？还是自主地选择自己的人生？知道自己将驶向哪里，在生活中就会变得从容自信；知道自己驶向何方，在生活中就可以快意纵横。

　　明白自己的目的是什么，知道自己驶向哪里，是人生奋斗的前提，方向决定了自己的命运，影响着自己的前途。

　　作为新世纪的青少年，自己应该确定自己人生的航向，在人生的航程中，一定要弄明白自己将要行驶的方向与目的。一个人一定要知道自己想要什么，清楚自己的目标是什么。如果想要的东西太多，或者没有清晰的目标，就像走在一个十字路口，左右为难、徘徊不定，于是，轻者彷徨、烦恼；重者挣扎、痛苦，备受煎熬。

　　人生最大的遗憾就是没有方向，不知道自己将会驶向哪里——这是一件很可悲的事。有志向的青少年，在人生的十字路口，要懂得去寻找自己的方向，学会自己去选择人生航程的方向。这样，在人生的道路上，他才不会害怕暴风雨的袭击，因为他知道自己将会驶向哪里，他就会有足够的勇气去面对航程中的一切艰难险阻。

让理想带着我们飞翔

　　理想是一个人的信仰，是人们在做事情的时候的根本动力。同时，理想也被渲染上了浪漫的色彩。理想是一个人心里的美好愿望的集合。它可以默默无闻，但是，它不可以被蹂躏和践踏。

　　理想是成功路上的一盏明灯，它照亮人们前进的方向。如果一个人没有理想，那他就会失去走向成功的方向。不少人每天都按照熟悉的"老一套"生活，缺少做梦的能力，从来不问自己："我这一生究竟要干什么？"他们对自己的作为很不了解，因为他们不再做梦，不再有理想。

　　如果说人生是一艘船，理想便是指引方向的罗盘；如果说人生是一列火车，理想便是延伸的铁轨。所以，人生不能没有理想，理想于人生，犹如空气于人，阳光于花草。

　　如果人生没有理想，就像小溪的流水只能带走青春凋谢的花瓣；如果人生没有理想，就像燃烧的野火已失去了生命原有的色彩；如果人生没有理想，那么青春的活力只消失在哀叹声中。无梦的人生注定是空虚的人生，苍白的人生。

　　有一对兄弟，他们的家住在80层楼上。有一天他们外出旅行回家，发现大楼停电了，电梯无法使用！虽然他们背着大包的行李，但看来没有什么别的选择，于是哥哥对弟弟说："我们爬楼梯上去！"

于是，他们背着两大包行李开始爬楼梯。爬到20层的时候他们开始累了，哥哥说："包太重了，不如这样吧，我们把包放在这里等来电后坐电梯来拿。"于是，他们把行李放在了20层，轻松多了，继续向上爬。

他们有说有笑地往上爬，但是好景不长，到了40层，两人实在累了。想到还只爬了一半，两人开始互相埋怨，指责对方不注意大楼的停电公告，才会落得如此下场。他们边吵边爬，就这样一路爬到了60层。到了60层，他们累得连吵架的力气也没有了。

弟弟对哥哥说："我们不要吵了，爬完它吧。"

于是他们默默地继续爬楼，终于爬到80层了！兴奋地来到家门口，兄弟俩才发现他们的钥匙留在了20层的包里。

这个故事其实反映了真实的人生：20岁之前，人们活在家人、老师的期望之下，背负着很多的压力、包袱，自己也不够成熟、能力不足，因此难免步履艰难。

20岁之后，人们离开了众人的压力，卸下了包袱，开始全力以赴地追求自己的理想，就这样愉快地过了20年。可是到了40岁，发现青春已逝，不免产生许多的遗憾，于是开始追悔、惋惜，就这样在抱怨中度过了20年。

到了60岁，这时才发现自己的人生已所剩不多，于是告诉自己不要再抱怨了，就珍惜剩下的日子吧！于是默默地走完了自己的余年。

到了生命的尽头，人们终于才想起自己好像有什么事情没有完成，原来，所有的理想都留在了20岁的青春岁月之中了。

　　大家如果不想在走到人生尽头的时候，为没有实现自己年轻时的理想而后悔的话，那就要趁着年轻去实现它。有了理想，就应该为实现自己的理想而去努力，并让理想托起自己飞翔！

坚定理想，磨炼意志

　　一个人如果没有了志向，如同草木没有了水一样，逐渐枯萎。如果志不能实现，那么人生将会变得黯淡无光。古人成就大事毫不缺乏坚忍不拔之志。所以，坚持坚忍不拔之志，成就我们的梦想。

　　意志坚定能使得人的生命力得到最大限度的发挥，即使败，也败出动人心魄的辉煌来。

　　坚定的意志，能激励我们不断前进，并最终取得成功。坚强的意志，甚至可以创造出惊人的奇迹。

　　在现实社会中，志是不容易被阻挡的，有志的人，非常清楚自己人生的价值。"有志不在千里，但无志却判若一世。"意思就是说，志向是千里都要去追寻的。

　　人生的志向，犹如一盏长明灯，照亮着我们人生成功的道路；犹如一首感人肺腑的乐曲；犹如一杯甘醇的清泉，激励着每个人勇往直前、永不言败。

　　志向是不能被阻挡的，漫漫人生路上，没有人能阻止一个人的志向，一旦你有了志向，就会一发不可收拾，勇往直前，去完成人生奋斗的目标。

　　可是在现实生活中，很多青少年，一旦自己的愿望和要求不能实现，或遇到困难和打击，他们就会精神萎靡不振，或唯唯诺诺，或马上退缩。

不难发现，那些对奋斗目标用心不专、左右摇摆，对琐碎的工作总是寻找遁词，懈怠逃避的人，注定是要失败的。成功与失败的分水岭就在于意志力的强弱差异：成功者常常是意志力坚强的人，失败者常常是意志力薄弱的人。

我们青少年必须培养自己的意志力，从而获得更大的动力之源，成就自己多彩的人生。在日常的学习和生活中，不管做什么事，坚定的意志力是必不可少的。虽然有许多事情我们不能顺利完成，但如果我们能坚持到最后，能够全力以赴，就会受益匪浅。

其实，每个人的行动都是由自身的意志力决定的，意志力是一个人性格特征的核心力量，是人行动的驱动器。顽强的意志就像人生旅途中的成功指南，能助你一臂之力，帮助你渡过难关。

青少年朋友，我们做题时，遇到困难、令人头疼时就放弃不做了，去做那些简单的题，这是不行的。在学习与生活中，需要具有百折不挠的精神，不断地调整自己的心态，学会坚定，把持住自己的意志，在坚持中找到自我。

也许你会问："为什么我坚持了却没有胜利呢？"那么，你是否长期坚持了呢？"功到自然成"，你如果只坚持了三天，五天，一个月，两个月，当然无法到达胜利的彼岸。

法国启蒙思想家布封曾说过："天才就是长期的坚忍不拔。"我国著名数学家华罗庚也曾说："治学问，做研究工作，必须坚忍不拔。"的确，无论我们做什么事，想要取得成功，坚忍不拔的毅力和持之以恒的精神都是不可缺少的。

什么东西比石头还硬，或比水还软？然而软水却穿透了硬石，这只是因为它能够坚持不懈而已。

也许，我们的人生旅途上沼泽遍布，荆棘丛生；也许我们追求的风景总是山重水复，不见柳暗花明；也许，我们前行的步履总是沉重、蹒跚；也许，我们需要在黑暗中摸索很长时间，才能找寻到光明；也许，我们虔诚的信念会被世俗的尘雾缠绕，而不能自由翱翔；也许，我们高贵的灵魂暂时在现实中找不到寄放的净土……

那么，我们为什么不以勇敢者的气魄，坚定自信地对自己说一声"再试一次！"也许只是再试一次，我们就有可能达到成功的彼岸！

永不放弃心中的梦想，因为未来的路还很长；永不放弃心中的梦想，因为彩虹总是在风雨之后才能在天空中显现；永不放弃心中的梦想，因为星星不仅指示着黑暗，也报告着曙光！永不放弃心中的梦想，不是愚昧的坚持，不是愚蠢的执着，而是对生命万分的敬仰和感激，而是对生命无比深情的歌唱。

青少年朋友，我们每天的奋斗就像对参天大树的一次砍击，刚开始可能了无痕迹。每一击看似微不足道，然而，累积起来，巨树终会倒下。

努力就像冲洗高山的雨滴，吞噬猛虎的蚂蚁，照亮大地的星辰，建起金字塔的奴隶，只要一砖一瓦地建造起自己的城堡，只要持之以恒，什么都可以做到。

当困难绊住你成功脚步的时候，当失败挫伤你进取心的时候，当负担压得你喘不过气的时候，不要退缩，不要放弃，一定要坚持下去，因为只有坚忍不拔才能通向成功。

现在的社会，处处存在着机遇和挑战，作为新一代的青少年，我们是肩负祖国伟大的重任的，因此，更应该学会坚忍不拔，坚持刻苦学习，坚持磨炼自己的意志，才能不断地提升自我，使自己的理想得到实现。

别让梦想在途中夭折

　　青少年朋友，我们每个人都有自己的梦想，无论是儿时仰望星空的想象，还是少年壮志凌云的豪迈，或是对美好未来的憧憬……这一切的一切，都是我们最初的梦想，也是我们最高的理想。

　　但是，亲爱的朋友，我们要相信：奋斗的路上从来不是一帆风顺的，我们总是要经历许许多多的挫折与坎坷，走过许许多多的荆棘与泥泞，才能在最后体会到幸福与快乐。

　　漫漫人生路，有谁能说自己是踏着一路鲜花、一路阳光走过来的？又有谁能够放言自己以后不会再遭受挫折和打击？在成功的背后往往有很多激流险滩！

　　如果因为一时的受挫就轻易地退出"战场"，半途而废，到头来懊悔的只能是你自己；如果总是因为害怕失败而失去前行的勇气，就永远不会追求到心中的梦想。正如歌中所唱的，阳光总在风雨后……

　　那么，朋友，我们如何让自己的人生绽放绚烂的光彩呢？唯有守护我们的梦想，终始如一地去守护。我们来看一看两个小女孩是如何守护她们的梦想的吧：

　　　　因为两家是邻居，所以小云和她从小就是好朋友。她们志同道合，无话不谈，此外，她们都有一个共同的爱好，那就是唱歌。

她们从小学到初中一直都是同学，后来因为不在一个班级，在一起的时间少了，说话的时间也少了。虽然一切都在变，可她们的梦想不会改变。她们约定共同考上大学，然后出国，尽她们最大的努力，实现自己的音乐梦想。

日子一天一天地过去了，直到有一天，她突然在课堂上晕倒，生病住进了医院。诊断的结果居然是她身患绝症。

在医院，她拉着小云的手伤心地问："你说我们的梦想会实现吗？"

小云说："会的，一定会的。"

然后，她又说："如果有一天我不在了，我不在你身边了，请你一定要完成我们的梦想，连同我那份一起努力，好吗？"

小云点点头说："我会的！"

最后，她们不约而同地唱起了她们最喜欢唱的一首歌。渐渐地，她的声音越来越弱。最后病房中只剩下了小云哽咽地歌声和她父母的哭泣声。小云流着眼泪把歌唱完了……

从那以后，小云更加努力学习，不只是为了实现自己的梦想，还有属于她的那份。小云永远不会放弃她们的梦想，更不会让它在中途夭折，因为这既是对自己的承诺，也是对朋友的承诺。

我们好比一个个追梦者，只要心中还有梦，只要梦的方向不变，只要我们努力去追求，总能到达梦想的彼岸。

彩虹绚烂多彩，是经历狂风暴雨之后；枫叶似火燃烧，是经历秋风寒霜之后；雄鹰的展翅高飞，是经历坠崖的危险之后。理想的实现，更需要坚定的守护。

人生没有停靠站，现实永远是一个出发点。无论何时何地，不能放弃对梦想的渴望，只有保持奋斗的姿态，才能证明生命的存在。

同样，守护梦想，坚定信念，才能谱写出人生华丽的乐章。"神曲"《忐忑》的问世，让世人为之赞叹，可又有几人知道这是龚琳娜坚定信念才奏出的乐章？

十年前龚琳娜曾以《孔雀飞来》在舞台上赢得掌声，而这并无太多自己东西的歌曲并不能代表自己的水平，龚琳娜迷茫了，茫然中她恍然大悟："我要走自己的路！"对，那才是自己的梦想。

从此，龚琳娜拾起被她遗忘的梦想，在海外苦苦奋斗，让不懂民乐的外国人喜欢上她的演唱。坚定了信念，才能让梦想飞得更高更远，正是龚琳娜的坚定，让她的梦想在成功的彼岸飞翔，幸福而自在。

守护梦想，不仅要有信念，还需要一份勇气。仰望天空的那颗明星，追溯千年前的战火硝烟，寻觅脚踏实地的墨老夫子。为了和平，为了宣扬"仁爱"，为了拯救深陷不安中的黎民百姓，墨子孤身进敌国，经过与鲁班的九攻九拒，与大王的口舌之战，终于换来了两国的和平与安定。

倘若墨子只有智慧，只有信念，而少了一份勇气，那他还会冒死前往吗？还会宣扬出"非攻兼爱"吗？不，少了勇气，那只是纸上谈兵罢了。正是墨子的这份勇气，让"仁爱"二字深入人心；正是有了这份勇气，墨子的梦想才得以守护。

有时候，守护我们自己的梦想，还能帮助别人实现梦想。曾有新闻报道一个名叫刘丽的平凡的洗脚妹，不仅依靠微薄的收入养活了自己，还资助了一个又一个贫困生，帮助这些青少年实现了上学的梦想。

用勤奋和微笑乐观面对艰辛的生活，这份勇气让刘丽的助学梦得以实现。最美洗脚妹默默地守护梦想，让爱的梦想在人间蔓延，传递着浓浓的温情。

守护梦想需要"采菊东篱下，悠然见南山"的淡泊名利，需要"柳暗花明又一村"的乐观，需要"长风破浪会有时，直挂云帆济沧海"的信心。

守护梦想的过程中，我们需要披荆斩棘、直视磨难，踏过每一个坎坷。在逆风中对生活微笑，终能采撷生命之花，奏响生命的交响曲。

守护梦想，让心飞翔！在青春路上探索的朋友们，别忘了，做个梦想的守护者！别让梦想夭折，别让现实的困难把你吓倒。学会调节与解脱，未来的你会到达成功的彼岸，希望与梦想一同飞翔！

别让梦想夭折，学会关心别人，学会感动，坚持自己心中的梦想，克服身边的重重困难，美好的明天正向我们走来！

命运掌握在自己手中

　　命运是一个人一生所走完的路，是一个人一辈子完成的"作业"。有的人认为，命运是天注定的，是不可以改变的。事实真的如此吗？当然不是了。命运不过是人生的方向盘，驶向哪个方向，完全掌握在每个人自己的手中。虽然你无权决定你的出身，但你有权决定自己该怎么过。你可以过得很失败，也可以过得很成功；你可以过得很痛苦，当然也可以过得很快乐。这一切全在你的一念之间。

　　青少年朋友，我们来看看一个小男孩是如何成长为高级人才的吧：

　　"和很多同学一样，我也出生在一个小城市的普通工人家庭。小时候起，除了学习，我的兴趣非常广泛。那个年代，在我生活的山西阳泉那个小城市，电视还没有普及，更别说电脑、互联网了。

　　"后来，我的姐姐考取了北京大学，成为我们当地的'明星'。临走时她对我说：'外面的世界很美丽，所以你一定要好好学习，考上大学，走出阳泉，这样你未来的路才会更宽阔。'

　　"我听从了姐姐的建议，从那时起开始发奋学习。我第一次接触计算机是在高中一年级，我一下子就被这奇妙的东西吸引住了。从那时起，为了能到机房上机，我经常找到老师软磨硬泡。比别人更多的上机实践，也让我在计算机方面的技能比其他同学强。

"不久以后，学校派我到省会太原参加全国中学生计算机比赛。去之前我信心满满，只觉得自己的计算机水平不错，甚至还想拿个名次回来。结果没有想到，我连个三等奖也没得到。

"这样的结果对我而言在某种程度上是一个打击。一开始我想不通，但是，当我走到太原书店时，我才知道为什么没有办法和他们竞争。我发现，那里有许多我在阳泉根本看不到的计算机方面的书，别人在信息的获取上比我有先天优势。

"这次经历让我第一次感到了眼界与命运的关系，我又想起姐姐对我说的话，于是，我渴望到外面的世界看看。

"在之后的近20年，无论是在北大的求学经历，还是在美国学习计算机以及在华尔街和硅谷的工作经历，都大大开阔了我的视野，甚至对我后来创立百度公司也产生了巨大的影响。"

故事中的"我"不用详细跟大家介绍了吧？他就是百度创始人李彦宏，他的故事，大家也差不多是耳熟能详的，是不是值得我们青少年认真学习一下呢？其实，他的这段故事最主要就是表现了一点，他努力掌握了自己的命运。因此，他成功了！

李彦宏的命运是他自己掌握的，那么，我们的命运呢？也只能是我们自己掌握的。我们经常听到有的人总是在抱怨上天不给他机会，自己的命运很糟糕。仔细想想又何必怨天尤人？天上不会掉馅饼，机会是靠拼搏得来的，命运也是由自己掌握的。

亿万富翁比尔·盖茨用他的行动向我们揭示了这一道理。他很有设计天赋，18岁考入了哈佛大学，在第三学年时毅然退学，和朋友一起去开创微软事业。他的父亲十分生气，恨不得用拳头狠狠地教训他。

但父亲的愤怒并没有改变比尔·盖茨的志向。假若他当时听从了父亲的意见，继续上大学，那么这个世界上就很可能少了一个亿万富翁，而多了一个书呆子，正因为他掌握了自己的命运，才成就了他的微软事业。

有时候，是生，是死，也掌握在自己手里。汶川大地震中，有多少人不幸地离开了人世，而又有多少人创造了奇迹。22岁的乐刘会，地震时不幸被埋在废墟中。在黑暗的日子里，她心中怀着光明。有人时她就大声呼叫，无人时她就保存体力。

在艰苦的环境里，乐刘会从来没有放弃过活下去的信念。靠着这个信念，她终于获救了。倘若她放弃了活下去的信念，她就不可能获救。从某个角度讲，是她自己救了自己。

说到底，命运是掌握在自己手里的。自己掌握命运，你就会和鲜花拥抱，和成功握手，和痛苦说再见。古往今来成大事者，他们用一生的奋斗去努力、去争取，最终成就理想。

当你的成绩不理想时，不要抱怨自己天资不够，而是应该思考自己有没有付出持续的努力。如果你非要抱怨上天的不公，先来和这两个人比一下吧：

命运对于贝多芬似乎毫无公平可言，一个音乐天才，命运却让他失去了双耳的听力，可是他并没有向命运低头，而是用他的心去创作，经过不懈努力，他最终创作出了闻名于世的辉煌篇章。

命运好像也在故意捉弄霍金，让他终生在轮椅上度过，尽管如此，霍金也不服从命运的安排，自己说不了话，便用眼睛传达，最终他成为20世纪物理学界的伟人。

如果比较不公，你的遭遇与这两个人比起来怎么样呢？许多人都是经历了挫折之后才取得成功的，我们不应该屈服于命运的安排，而应该把握眼前的一切，去面对生活。

每一个人都渴望成功，那么我们就应该在刚刚起步的时候，用我们无悔的青春，去浇灌那刚刚萌芽的种子。漫漫人生路，谁都难免遭遇各种失意或厄运，一个强者，是不会低头的。

我们不能预知生活的各种情况，但我们能够适应它，这个世界上没有任何人能够改变我们，只有我们自己才能真正地改变自己，也没有人能够打败我们，除了我们自己。

相信很多人都读过《战胜命运的孩子》这个故事吧！故事中想当音乐家的孩子聋了，想当画家的孩子盲了。他们都埋怨上帝的不公。

然而一位老人打着手语告诉聋的孩子："你的眼睛还明亮，为什么不改学绘画呢？"他又跟盲了的孩子说："你的耳朵还灵敏，为什么不改学弹钢琴呢？"两个孩子受到了启发，最后成为有名的音乐家和画家。

悔恨、抱怨不会改变命运，它只会消耗你更多的时间。不成功的人通常在不经意间松开他们的双手，任由机会远离他们，在命运面前他们束手无策，这也是他们没有实现理想的主要原因。守株待兔更是没用，命运不会青睐于没有准备的人，只有不断地探索，克服种种不利因素，才能获得成功。

其实，成功与否也取决于对命运的态度，因为人的一生中会有诸多的挫折，而成功又恰恰隐藏在这些挫折中。

孟子说得好："天将降大任于斯人也，必先苦其心志、劳其筋骨、饿其体肤。"如果你一遇到困难就退缩，不继续努力，你就只能无所事事，成功的大门永远向你紧闭。

有人说命运的力量是很强大的，它似乎左右着我们的一切，但别忘了，命运掌握在自己的手中，只有自己把握好生命的主旋律，才能奏出幸福的曲调！

因此，生命的意义在于不断探索、不断进取，遇到困难的时候，请握紧自己的双手，记住命运掌握在自己的手中！

青少年朋友，每个人都应该心中有梦，有胸怀祖国的大志向，找到自己的梦想，认准了就去做，不动摇。我们不仅仅要有梦想，还应该用自己的梦想去感染和影响别人，因为成功者一定是用自己的梦想去点燃别人的梦想，是时刻播种梦想的人。

亲爱的朋友，困难并不可怕，只要我们能乐观地面对；命运也可以改变，而钥匙就握在我们的手中。

挑战梦想才能拥有未来

每个人都有梦想。不论梦想是大是小，是否实现了，它都给人们的生活增光添彩。梦，就是人们生活的动力。

但是，光是拥有梦想还不够，只有勇敢地进行挑战，付出实际行动，才能让自己的梦想成真，并拥有阳光灿烂的未来！

下面来看看著名歌星吉娜的真实故事！

吉娜是艺术学院的优秀生，毕业时她暗下决心，将来一定要去百老汇发展。

这天老师把她叫去，问她："既然你有决心，那么现在去和将来去有什么差别？"

吉娜说："现在我没有把握啊！我想把基础打扎实些，明年去。"

老师说："难道你明年去和现在去有本质的不同？"

吉娜愣住了，看着老师热切的目光，想到百老汇金碧辉煌的舞台，她浑身热血沸腾："老师，我下个月就去。"

老师意味深长地看着她："下个月？你现在去和下个月去有什么两样？"

吉娜坐不住了："老师，那我下个星期就出发。"

老师依然步步紧逼："所有的生活用品都能在百老汇买到，你为什么还要等下个星期呢？"

吉娜激动地跳起来："老师，那我马上就去！"

老师笑了："其实，我已经为你订了明天出发的机票。百老汇正在招聘演员，你不要错过这个机会。"

于是第二天，吉娜就告别老师，飞往她梦想的圣地。当她后来真的竞聘成为一部经典剧目的女主角时，她才体会到临行前老师送她的一段话："出发之前，梦想永远只是梦想；只有上了路，梦想才有可能实现；如果说梦想是可贵的，那么不失时机地挑战梦想，就更可贵！"

吉娜的成功正是因为她敢于挑战自己的梦想，才让自己的梦想得到了实现。大家是不是也想实现自己儿时的梦想呢？那么从现在起，开始做好以下事项吧！

不给自己留退路

在制定目标、下定决心的时候，一定不要给自己留余地、留后路，要做到"破釜沉舟"。一个人只有把自己逼入绝境，才能激发出自身的巨大潜能。

如果一定要实现什么目标，就不妨向自己提出挑战，把自己的目标说出来，让大家督促自己，不要给自己留退路。

保持耐心

目标不是一朝一夕就能够实现的，成功也需要长年累月的努力。所以，不要被一时的挫折和困难吓倒。一天的努力可能不会有明显的进步，但是时间一长，自己的勤奋就一定会有成效。保持耐心，自己的努力就会逐渐有成效。

学会对自己说"不"

挑战梦想，让梦想变为现实，不是一朝一夕的事，这就需要克服自己懒惰、松散的不良习惯。简单地说，就是要学会对自己说"不"。在自己开小差、想偷懒、产生厌学情绪、被其他活动分散注意力的时候，要坚决地抵制这些消极、不良的情绪，大声对自己说一声"不"！

面对懒惰等诱惑，大家需要经常鼓励自己，并告诉自己，一个强大的人不是力量最强大的人，而是具备最强大内心的人。

制定合适的短期目标

拥有挑战的精神不是天生的，也可以通过一些方法慢慢让自己爱上挑战。在制定目标的时候一定要合理、合适。不要制定一个模糊、空泛的目标，太大、太远的目标可能会让自己失去前进的动力和自信心，如果自信都没有了，那就更别谈什么"爱上挑战"了。

所以，大家应该把目标具体化，把一个大的目标落实到每个月、每一周甚至每一天，只有这样，我们才能明确地看到自己前进的每一步，才会为自己的进步而感到欣喜。勇敢挑战其实就是在这一点一点地欣喜中培养出来的。

提升气场

从身边的小事做起，增长自己的学识，敢于面对困难和挑战，提升自己的气场。提升气场需要一个过程，可以从身边的小事做起，从自己喜欢的事情做起。只要是应该做但是没有做的事情，都可以进行尝试。

无论遇到什么事情，都应该学会肯定自己，勇敢面对自己的不足，相信自己的实力。带着积极的心态，全力以赴地投入学习中，这时，大家就会发现，自己也可以像别人一样出色！

追求理想不能急于求成

每个人都渴望做有志向的人、成功的人、优秀的人，只不过在物质利益的引诱下，人们逐渐失去了耐心。成功是需要储备的，储存得越充足，成功的机会就越大，也才可能走得更远。

可是，成功的路是遥远和艰辛的，路边倒下的每一个失败者都曾是在起点上充满信心、跃跃欲试的充满活力的人——起初他们对这路的尽头有无限的憧憬。做事不可急于求成，一旦明确了自己的理想，就要按照一定的规律来行事。理想不是很快地就能实现的，是需要慢慢积蓄力量，逐步去实现的。

一位立志在40岁成为亿万富翁的先生，在35岁的时候，发现这样的愿望靠目前的薪水根本不可能达到，于是放弃工作开始创业，希望能一夜致富。过了五年的时间，他的愿望依然没有实现。在这五年间，他开过旅行社、咖啡店、花店，可惜每次创业都失败，他的家也陷于贫困的境地。

到40岁时，他心力交瘁的妻子无力说服他重回职场，在无计可施的情况下，他妻子跑去寻求智者的帮助。智者了解情况后对她说："如果你先生愿意，就请他来一趟吧！"

第二天，在妻子的陪伴下，这位先生来到了智者的家里。这位先生虽然来了，但从眼神看得出来，这一趟只是为了敷衍他妻子而来。智者一语不发，带他到庭院中。庭院约有一个篮球场大，尽是茂密的百年老树，智者从屋檐下拿起一个扫把，对这位先生说："如果你能把庭院的落叶扫干净，我会把如何赚到亿万财富的方法告诉你。"

这位先生虽然不信，但看到智者如此严肃，加上亿万财富的诱惑，便犹豫着接过扫把开始扫。过了一个钟头，好不容易从庭院一端扫到另一端，眼见总算扫完了，他拿起簸箕，转身回头准备收起刚刚扫成一堆堆的落叶，却看到刚扫过的地上又掉了满地的树叶。懊恼的他只好加快扫地的速度，希望能赶上树叶掉落的速度。但经过一天的尝试，地上的落叶跟刚来的时候一样多。这位先生怒气冲冲地扔掉扫把，跑去找智者，质问智者为何开他的玩笑。

智者指着地上的树叶说："你的欲望像地上扫不尽的落叶，层层消磨你的耐心——只有具备足够的耐心才能听到财富的声音。你心中有一亿的欲望，可是你却只有一天的耐心——就像这秋天的落叶，一定要等到冬天叶子全部掉光后才扫得干净，可是你却希望在一天就扫完。"说完，智者就请他们回去。

临走时，智者对这位先生说，为了回报他今天扫地的辛苦，在他们回家的路上会经过一个粮仓，里面会有100包用麻布袋装的稻米，每包稻米都有100斤重。在稻米堆后面会有一扇门，里头有一个宝物箱，里面是一些金子，数量不是很多，如果先生愿意把这些稻米搬到智者家里，就把金子送给他当作今天扫地与搬稻米的酬劳。

这对夫妻走了一段路后，看到了一间粮仓，里面整整齐齐地堆了约二层楼高的稻米，完全如同智者的描述。看在金子的分上，这位先生开始一包包地把这些稻米搬到仓外。数小时后，稻米搬完了，他看到后面有一扇门，于是他跑过去兴奋地推开门——里面确实有一个藏宝箱，箱上无锁，他轻易地打开了宝箱。

宝箱内有一个小麻布袋，他拿起麻布袋并解开绳子，伸进手去抓出一把东西，可是抓在手上的不是黄金，而是一把种子。他想也许这是用来保护黄金的东西，于是就将袋子内的东西全倒在地上。但令他失望的是，地上没有金块，只有一堆种子及一张字条。他捡起字条，上面写着："这里没有黄金。"

这位先生失望地把手中的麻布袋摔在墙上，愤怒地转身打开那扇门准备离开，却见智者站在门外双手握着一把种子，轻声说："你刚才所搬的百袋稻米，都是由这一小袋的种子历时四个月长出来的。你的耐心还不如一粒稻米的种子，又怎么听得到财富的声音！"

这个故事告诉人们一个道理：对于理想，要慢慢地在人生中去追求。成功之路就好像一条漫长的旅游线路，终点是人们期待已久的秀丽的湖光山色。虽然人们已经恨不得插上翅膀飞到目的地，可是在出发前，总是要进行充分的准备。例如，最实用的地图、简便的帐篷、合脚耐磨的运动鞋、救急用的药品、食物饮料……这些必需品是否都装进了背包？这些准备，就是人们为了成功所作的各种努力。

而当装束齐备后，坐上了旅游专线车，人们通常无暇欣赏路边的风景——心中被对目的地的期待塞得满满的——但这路上的时间仍要耐心地等待。即使心急如焚，难以按捺自己的兴奋，也仍要等待……

对于每个人来说，要想成就一番大事业，急于求成是不会有结果的。只有具备耐心的人才会赢得成功与未来。

大家在生活中也要根据自己的情况，确定自己的理想。可以把理想定得很高，但是也需要自己去慢慢地为实现远大的理想做好准备。

在生活中，很多事情都不能急于求成。即使理想再远大，也要遵循事物发展的客观规律。当一个人的双眼专注在一个"快"字上时，他的理想通常会被蒙蔽。欲速则不达，在追逐理想的道路上纵情狂奔，就很容易因为追求速度而走错方向。

> 有一位老果农得了重病。他知道自己不久于人世，一日，他说要验收两个儿子在他养病期间栽种的水蜜桃的成品，并以此决定遗产分配的比例。
>
> 大儿子忠厚老实，做事光明磊落，脚踏实地，他精挑细选了不大不小，色泽漂亮，坚实饱满的水蜜桃。而小儿子向来有些好高骛远，尽挑硕大，甚至略呈烂熟的水蜜桃，装盛得像一座小山。
>
> 兄弟二人开心地要把水蜜桃运下山，弟弟超载的水蜜桃因不堪山路颠簸，倾覆而全毁；而哥哥则是一路安稳，完好地将桃子呈献给父亲，并因此获得信任，分得六成的田地。

所以，理想再高也不要急于求成。要在适当的时候学会慢慢地把握自己的"理想"，在实现的过程中去努力找寻自我——这样的成长才是最精彩的。

第二章
用责任心铸就人生格局

责任心是指个人对自己和他人、对家庭和集体、对国家和社会所负责任的认识、情感和信念，它是一个人应该具备的基本素养，是健全人格的基础，是家庭和睦，社会安定的保障。

有了责任心，就有了担当的勇气。相反也就会放大我们做事的格局。一个人来到这个世界上，不能只为自己，要活出这一辈子的价值，要活出生命的意义。当我们离开这个世界的时候，我们才会无怨无悔，才不会为这辈子碌碌无为而感到悔恨。

勇于承担自己的责任

我们每一个人都有每一个人的责任，父母有父母的责任，儿女有儿女的责任，老师有老师的责任，学生有学生的责任。作为新世纪的青少年，更是有我们青少年自己的责任，那就是使自己成为一个对社会有用的人才。

责任是一种使命，一种做人的态度。这是不可推卸的，是每个公民应尽的义务，也是社会发展不可或缺的动力，如果没有了这种责任感，不敢想象社会会变成什么样子。

青少年时期，正是培养我们责任心的关键时期。可是许多青少年朋友却从来没有责任意识，一心只为了个人享乐。朋友，我们对于责任是怎么看的呢？我们来看一个小故事吧。

拾破烂的李老汉将两个亲生儿子告上法庭：要儿子们给他养老金。法院的秦法官了解到，李老汉中年丧妻，靠自己拾破烂攒钱供两个孩子读书，老大大学毕业后在市人事局工作，老二没考上大学，在一家摩托配件厂工作。

李老汉丧失劳动力后，两个儿子曾轮流供养了他一段时间。后来，李老汉不顾儿子们的强烈反对找了个老伴，于是儿子们就停止了对他的赡养，他们的理由是：老人中年不续娶，老了才娶妻，显然是加重他们负担。

李老汉也有自己的理由：中年时忙着挣钱抚养孩子，尽自己的责任，没有心思找伴，老了一个人住着寂寞，况且老婆子有自己的退休金能供养她自己，并没有加重孩子的负担，他们没有任何理由不给生活费。

秦法官多次调解，希望两兄弟能理解老人的再婚问题，并尽自己的赡养之责，可他们总听不进去。最后只有开庭审理此案。在开庭审理中，李老汉大喊一声："我要求儿子们一次性买断我。"

接着，李老汉阐明了自己的意思：他养了老大22年，老二19年，虽然那时生活水平低，但也有个最低生活标准。现在要求儿子按目前最低生活标准一次性给他买断，然后父子各过各的，请秦法官算算每个儿子应该给多少钱。

这时，旁听的人议论开了，只听说买断工龄的，哪有儿子买断父亲的？法官和几个审判人员在电脑上算了起来：按现在市民的最低生活水平每人每月150元计算，一年是1800元，这样老大22年应付3.96万元，老二19年应付3.42万元。

买断费刚公布，没想到会有人鼓掌。这时李老汉的辩护人说："根据有关法律规定，老人的要求是合理的，如果被告再不履行赡养老人的义务，承担责任，作为律师建议有关单位让两个不孝之子下岗，也来个一次性买断。"

听了律师的话，兄弟两人慌了，他们最害怕下岗，于是表了态：愿意继续供养老人。

旁听的人顿时热烈鼓掌，李老汉拉着两个儿子的手哭了："孩子……虎毒不食儿呀！我哪会买断你们？你们真的拿得出钱来，那份父子情、那份责任能买断吗？"

是的，我们可以拿钱买很多东西，但是对于父母的责任却是不可能拿钱买断的，这就是责任的意义所在。

我们有权选择任何我们想要做的事，没有人可以替我们选择，我们有权去经历错误、失败、谎言和欺骗，我们可以哭泣、呼喊、生气、忠诚或进取，也可以被别人拒绝和伤害，或者用食物、药物、酒精来放纵自己。

总之，我们可以做我们想做的任何事。自由意愿这份神圣的礼物永远都属于我们，它不要求我们必须做出"正确"的选择，"正确"只是相对我们目前的意识水平而言。但是，要记住一点，我们必须为我们的选择所带来的后果负责。

正如歌德所说："责任就是对自己要求去做的事情有一种爱。"因为这种爱，所以负责本身就成了生命意义的一种实现，就能从中获得心灵的满足。相反，一个不爱生活的人怎么会爱他人和事业？一个在人生中随波逐流的人怎么会坚定地负起生活中的责任？这样的人往往是把责任看作强加给他的负担，看作个人纯粹的付出而索求回报。

许多人对责任的理解确实是完全被动的，他们之所以把一些做法视为自己的责任，不是出于自觉的选择，而是由于习惯、舆论等原因。

由于他们不曾认真地想过自己的人生究竟是什么，在责任问题上也就是盲目的了。因此，人活在世上，必须知道自己究竟想要什么。

一个人认清了他在这个世界上要做的事情，并且在认真地做着这些事情，他就会获得一种内在的平静和充实。他知道自己的责任所在，因而关于责任的种种错误观念都不能使他动摇了。

如果一个人能对自己的人生负责，那么，在包括婚姻和家庭在内的一切社会关系上，他对自己的行为都会有一种负责的态度。如果一个社会是由这样对自己的人生负责的成员组成的，那么这个社会就必定是高质量的、有效率的社会。

当然，我们可能因为年龄小，还没有完全意识到责任心的问题，但是我们需要经常思考责任的问题。作为青少年，我们面对的责任就是在家做孝顺的儿女，在学校争当一个好学生、做同学的知心朋友，在社会做一名好公民，懂道德、讲法律、努力学习、报效祖国。

责任是一种力量，一种风吹不倒、水扑不灭的强大动力。在学校举办的各种活动中积极参与，献出自己的一分力量，为班集体争光，这就是责任。过马路，看见年迈的老人，我们应该主动上前搀扶。让他们安全通行，这虽然不是什么惊天动地的大事，只是举手之劳，但也是作为一个中学生应该承担的一种社会责任。

在学校，我们的责任就是好好学习。既然我们的父母将我们送到学校，交了学费，那我们就是来学习的，不是玩的，更不是让我们没事来消磨时间的。

我们是为我们自己的未来学习的，不要有人看着我们，就在那里装装样子，但是人一走就不学了。

学校做大扫除时，我们不仅应该做好自己分内的事，保持教室一尘不染，而且面对地上的脏物不管是在哪出现的我们都应该弯下腰，伸出自己的手捡起来，放进垃圾筒内。这是我们作为学生的责任。

忙碌了一天的爸爸妈妈，在家休息，我们回家后不仅要认真完成作业，业余时间还要主动帮父母捶肩揉背，端洗脚水等，让父母舒服地休息，这是作为孝顺子女应尽的孝心与责任。

面对"责任"这两个闪光的大字，寓意深浓，意义非凡。在这个大千世界，我们尽的责任与义务还有很多。

青少年身上不仅寄托着家庭的希望和幸福，还是国家与民族的未来。应当充分发挥自己的智慧，用自己的汗水，实现自己的人生理想，体现自己的人生价值，做一个有益于社会、有益于他人的人。

做好我们自己，就是对别人负责。我们的成功，就维系着对祖国的责任感。

做好分内的事

负责任是一种能力，又远胜于能力，负责任是一种精神，更是一种品格；负责任就是对自己不喜欢的工作，毫无怨言地承担，并认认真真地做好，这就是负责任，也是大格局人的所为。

责任无处不在，存在于每一个角色。父母养儿育女，老师教书育人，医生救死扶伤，工人铺路建桥，军人保家卫国……人在社会中生存，就必然要对自己、对家庭、对集体甚至对祖国承担并履行一定的责任。

责任有不同的范畴，如家庭责任、职业责任、社会责任、领导责任，等等。这些不同范畴的责任，有普遍性的要求，也有特殊性的要求。责任只有轻重之分，而无有无之别。

青少年朋友，我们来看一个关于责任的小故事吧。

　　法里斯年少时在父亲工作的地方帮忙，曾碰到过一位难缠的老太太。每次当法里斯把她的车清理好时，她都要再仔细检查一遍，然后让法里斯重新打扫，直到她满意为止。

　　后来法里斯实在受不了了，便拒绝为这个老太太服务。他的父亲告诫他说："孩子，记住，这是你的责任！不管顾客说什么或做什么，你都要做好你的工作。"

　　从那以后，无论做什么，法里斯都保持着高度的责任感。后来他成为美国的独立企业联盟主席。

　　永远不要忘记自己的使命，对人对事保持一种高度认真负责的态度，生活就不会亏待我们。法里斯用自己的服务精神，担当起了自己的责任，所以也得到了别人的尊敬和爱戴，获得了事业上的巨大成功。

　　鲜花承担着装扮春天的责任，春天承担着复苏大地的责任，大地承担着繁衍人类的责任，人类承担着社会发展的责任。

　　世间万物都有它们的责任，有了责任，人生才有意义，才会对他人有所贡献。

　　四季轮回，桃花开了又谢，柳叶绿了又黄，人，作为自然界中一个匆匆过客，脱离不了生老病死。不知不觉中，我们的青春年华在一点点地消逝。

　　有时候，抬头望见广阔深邃的夜空挂着满天星斗，一轮明月普照着山川大地，心中就会涌起淡淡的伤感，那些星星不还是我们儿时看到的那些星星吗？那月亮不还是照着我们夏夜乘凉的月亮吗？

　　时过境迁，当年田间地头儿、山沟里到处撒野的小孩子如今已经成为繁华都市里为前途打拼的青年，肩上已经担负起了责任。责任，对于一个人来说，是一种压力，也是一种荣誉。

生活的真谛是承担责任，幸福的含义是履行责任，人生的追求是完成责任，人活着应该牢记责任。

我们长大了，从呱呱坠地的第一声啼哭，到懵懂无知的孩提；从年少轻狂的昨天，到理智果敢的今昔。而我们的父母却在不知不觉中老去，辛勤的工作，简朴的生活，换来了我们蓬勃的生机；沧桑的面容，斑白的双鬓，是无情岁月残留下来的痕迹。

长大，是一种责任。长大，就意味着我们要独自去面对、去承担身边的一切，无论是酸的、甜的、苦的，抑或是辣的，因为我们已经懂事，已不再是那个曾经赖在父母怀中撒娇的淘气小孩子。

青少年朋友，让我们唱一首《责任之歌》，勇敢地担当起自己的责任吧。

（责任，责任，赢在责任！责任，责任，责任决定一切！）

　　有一些路崎岖坎坷不得不走，

　　有一些苦艰难辛酸不得不受，

　　有一些事义不容辞不得不做，

　　有一些情刻骨铭心永远守候。

　　为什么？为什么？为什么？

　　有一种责任在心头。

　　任重道远显本色，

　　舍我其谁竞风流。

　　……

在工作中要有担当

有人说，假如你非常热爱工作，那你的生活就是天堂；假如你非常讨厌工作，那你的生活就是地狱。因为在你的生活当中，有大部分的时间是和工作联系在一起的。不是工作需要人，而是任何一个人都需要工作。你对工作的态度决定了你对人生的态度，你在工作中的表现决定了你在人生中的表现，你在工作中的成就决定了你人生中的成就。所以，如果你不愿意拿自己的人生开玩笑，那就在工作中做一个有担当的人，勇敢地负起责任。

既然已从事了一种职业，选择了一个岗位，就必须接受它的全部，就算是屈辱和责骂，那也是这项工作的一部分，而不是仅仅只享受工作给你带来的益处和快乐。

面对你的职业、你的工作岗位，请时刻记住，这就是你的工作，不要忘记你的责任，工作呼唤责任，工作意味着责任。

对于手头工作和自己的行为百分之百负责的员工，他更愿意花时间去研究各种机会和可能性，显得更值得信赖，也因此能获得别人更多的尊敬，与此同时，他也获得了掌控自己命运的能力，这些将加倍补偿他为了承担百分之百的责任而付出的额外努力、耐心和辛劳。

李某是个退伍军人，几年前经朋友介绍来到一家企业做仓库保管员，虽然工作不繁重，无非就是按时关灯，关好门窗，注意防火防盗等，但李某却做得超乎常人的认真，他不仅每天做好来往工作人员的提货日志，将货物有条不紊地放整齐，而且从不间断地对仓库的各个角落进行打扫清理。

3年下来，仓库没有发生一起失火失盗案件，其他工作人员每次提货也都会在最短的时间里找到所提的货物。在企业成立20周年庆功会上，领导按老员工的级别，亲自为李某颁发了5000元奖金。好多老职工不理解，李某才来这里3年，凭什么能够拿到这个只有老员工才能拿到的奖项？

领导看出大家的不满，于是说道："你们知道我这3年中检查过几次仓库吗？一次也没有！这不是说我工作没做到，其实我一直很了解仓库保管情况。作为一名普通的仓库保管员，李某能够做到三年如一日地不出差错，而且积极配合其他部门人员的工作，对自己的岗位忠于职守，比起一些老职工来说，李某真正地把这里当作家啊，我觉得这个奖励他当之无愧！"

可以想象，只要在自己的位置上真正领会到"工作意味着责任"，领会到责任的重要性，百分之百负责地完成自己的工作，这样有担当、有责任心的员工迟早都会得到加倍的回报。

无论你从事的是怎样的职业，都应该尽职尽责地把自己的本职工作做好，只要你还属于团队的一员，你就有责任在任何时候维护团队的利益和形象。没有担当的员工是不能成为一名优秀员工的，同样，也不会是企业所需要的员工。

任何一个领导都很注重员工的责任感，可以说，员工没有责任感，缺乏担当，企业就不能成其为一个企业，员工的责任感在很大程度上能决定一个企业的命运。

对企业来说，正因为有了有责任感的员工，尽职地做好各项工作，才能保证企业的发展，提高竞争力。也只有那些勇于承担更多责任的员工和有担当的员工，才可能被赋予更多的使命，在企业中勇于担当，有资格获得更多的报酬和更大的荣誉。因此，对于员工而言，多点责任，敢于担当，也意味着多些个人发展的机会。

莉莉和莎莎在同一家瓷器企业做职员，她们俩工作一直都很出色，领导也对这两名员工很满意，可是一件事却改变了两个人的命运。

一次，莉莉和莎莎一同把一件很贵重的瓷器送到客户的商店。没想到送货车开到半路却坏了。因为企业有规定：如果货物不在规定时间送到，要被扣掉一部分奖金，于是，莉莉二话不说，抱起瓷器一路小跑，终于在规定的时间赶到了地点。

这时，心存小算盘的莎莎想，如果客户看到我抱着瓷器，把这件事告诉领导，说不定会给我加薪呢。于是，莎莎抢着从莉莉怀里抱过瓷器，却没接住，瓷器一下子掉在了地上，"哗啦"一声碎了。

两个人都知道瓷器打碎了意味着什么，一下子都呆住了。果然，两人回去后，遭到领导十分严厉的批评。

随后，莎莎偷偷对领导说："领导，这件事不是我的错，是莉莉不小心弄坏了。"

领导把莉莉叫到了办公室。莉莉把事情的经过告诉了领导。最后说："这件事是我们的失职，我愿意承担责任。莎莎年龄小，家境不太好，我愿意承担全部责任。我一定会弥补我们所造成的损失。"

两人一起等待着处理的结果。一天，领导把她们叫到了办公室，当场任命莉莉担任企业的客户部经理，并且对莎莎说："从明天开始，你就不用来上班了。"

领导最后说："其实，那个客户已经看见了你们俩在递接瓷器时的动作，他跟我说了事实。还有，我看见了问题出现后你们两个人的反应。"

莎莎推卸责任，没有担当落得个失业的下场，而莉莉敢于担当，多了点责任心，就轻易地获得了升迁的机会。机会就是喜欢更有责任心的人，领导就是喜欢责任感强的员工。

尽职尽责就是要勤恳努力、兢兢业业，不计个人得失，时刻为企业的利益着想。工作中的很多失败都源于责任心的缺乏，责任心是做好每一份工作的必要前提。因此，任何一家企业都会毫不犹豫地剔除不负责任的员工，而那些尽职尽责的人则备受欢迎。

多点责任可以获得信任

不敢承担责任的人，领导会给他机会去发展吗？即使给了你，也因为你的害怕，而让机会转瞬消逝。这样的人无法为领导解决所遇到的问题，当然也难以得到领导的器重。

任何一个领导都清楚，当问题出现后，推诿责任或找借口都不能掩饰一个人责任感的匮乏。只有勇于承担责任的员工才对企业有着更重要的意义。

勇于主动承担责任

在企业发生困难时，你的心里也许会有非常好的想法，你也想去帮助领导渡过难关。可是你就是没有勇气主动站出来为领导解决问题，主动把责任承担过来。一而再再而三犹豫将使你不再勇于主动承担责任，最终你也将受到负面影响，很难获得好的晋升机会。

明哲保身是自作聪明

勇于承担责任，获得领导的赏识，可以得到更多地发展机会。勇于承担责任是你明智的选择，在激流中挺身而出帮领导排忧解难，你将获得领导的信任和器重。当你扪心自问的时候，不要自作聪明，以为你那样做是明哲保身，你就会平平安安。要知道，幸运不会降临到那些不想惹麻烦的人的头上。

有担当才能成大事

担当永远承载着能力，而能力也只有通过担当才得以充分地展现。有担当才能承担大事，有担当才能成就大业。

乔治毕业后，到一家钢铁企业工作还不到一个月，就发现很多炼铁的矿石并没有得到完全充分地冶炼，一些矿渣中还残留没有被冶炼好的铁。他觉得如果这样下去的话，企业岂不是会有很大的损失。

于是，他找到了负责这项工作的工人，跟他说明了问题，这位工人说："如果技术有了问题，工程师一定会跟我说，现在还没有哪一位工程师向我说明这个问题，说明现在没有问题。"

　　乔治又找到了负责技术的工程师，对工程师说明了他看到的问题。工程师很自信地说他们的技术是世界上一流的，怎么可能会有这样的问题，工程师并没有把他说的看成是一个很大的问题，还暗自认为，一个刚刚毕业的大学生，能明白多少，不过是因为想博得别人的好感而表现自己罢了。

　　但是乔治认为这是个很重要的问题，于是他拿着没有冶炼好的矿石找到了企业负责技术的总工程师，他说："先生，我认为这是一块没有冶炼好的矿石，您认为呢？"

　　总工程师看了一眼，说："没错，年轻人，你说得对。哪里来的矿石？"

　　乔治说："是我们企业的。"

　　"怎么会，我们企业的技术是一流的，怎么可能会有这样的问题？"总工程师很诧异。

　　"工程师也这么说，但事实确实如此。"乔治坚持道。

　　"看来是出问题了。怎么没有人向我反映？"总工程师有些发火了。

　　总工程师召集负责技术的工程师来到车间，果然发现了一些没有充分冶炼的矿石。经过检查发现，原来是监测机器的某个零件出现了问题，才导致了冶炼的不充分。

　　企业的总经理知道了这件事之后，不但奖励了乔治，而且还晋升乔治为负责技术监督的工程师。总经理不无感慨地说："我们企业并不缺少工程师，但缺少的是负责任的工程师，这么多工程师就没有一个人发现问题，而且有人提出了问题，他们还不以为然。对于一个企业来讲，人才是重要的，但是更重要的是真正有责任感的人才。"

乔治从一个刚刚毕业的大学生变为负责技术监督的工程师，可以说是一个飞跃，他工作之后的第一步成功就是来他的责任感，正如企业总经理所说的那样，企业并不缺少工程师，并不缺乏能力出色的人才，但缺乏有担当的员工。

从这个意义上说，乔治正是企业最需要的人才。他的责任感让他的领导认为可以对他委以重任。

如果你的领导让你去执行某一项命令或者指示，而你却发现这样做可能会大大影响企业利益，那么你一定要理直气壮地提出来，不必去想你的意见可能会让你的上级大为恼火或者就此冲撞了你的上级。

大胆地说出你的想法，让你的领导明白，作为员工，你不是在刻板地执行他的命令，你一直都在斟酌考虑，考虑怎样做才能更好地维护企业的利益和领导的利益。

同样，如果你有能力为企业创造更多的效益或避免不必要的损失，你也一定要付诸行动。因为，没有哪一个领导会因为员工的责任感而批评或者责难你。

相反，你的领导会因为你的这种责任感而对你青睐有加。因为一种职业的责任感会让你的能力得到充分的发挥，这种人将被委以重任，而且大概也永远不会失业。

担当承载能力，如果你有能力承担更多的责任，而你庆幸自己只承担了一份，那么，你首先是一个不愿意承担责任的人；其次，你拒绝让自己的能力有更大的进步，甚至是对自己有所超越；再次，你先放弃了自己，然后放弃了能够承担更多责任的义务；最后，你辜负了别人也辜负了自己，因为你的能力永远由责任来承载，也因责任而得到展现，你与成功的距离不但不会接近，反而会一天天拉远。

绝不逃避应负的责任

责任意识会让每一个员工表现得更加卓越，但是很多人不清楚这一点，他们只看到责任带给人的沉重的包袱，因此他们没有担当，放弃承担责任的义务，选择了逃避。

责任有它的负面效应，你可能因此而失去很多荣誉，也可能因此而功败垂成。但是逃避责任是一枚毒果，甚至能让人丧失做好最基本工作的能力。逃避责任的人做不好自己的本职工作，因为他做什么都是小心翼翼，唯恐出了问题需要自己承担责任，因此就毫无创造力可言。

任何时候，不逃避责任对自己、对企业、对国家、对社会都不可或缺。有了严格的要求，才会纠正自身的一些缺点，才会在工作上有所突破，才会受到领导的赏识。一个士兵要成为一个好军人，就必须遵纪守法，有自尊心，为他的部队和国家感到自豪，对于他的战友和上级有高度的责任、义务感，对于自己表现出的能力有自信。同样，这样的要求，对企业的员工也非常适用。

作为一名员工，逃避责任就会破坏企业利益。员工有责任维护企业的利益和形象，因为员工就是企业代言人，员工的形象在某种程度上就代表了企业的形象。如果一个企业的员工有不负责任的形象，那么整个企业给人的感觉也是不负责任的，这样的企业在社会上很难立足。

逃避责任还会让自己陷入孤立中。谁都会在工作上有一些失误，关键是你的态度。如果抱着"千错万错都是别人的错"的态度，只会一味地抱怨别人，不从自己的身上找缺点，就会引起同事的不满，下次合作的时候不会很融洽。

工作中一个人一旦被孤立起来，找不到志同道合的合作者，你就离辞职不远了。很多有远见的人懂得在恰当的时机勇于承认错误，愿意承担责任，这样的人会博得同事的同情、理解甚至尊敬，拥有良好的人际关系，下一次做事的时候就不会身陷孤立。

逃避责任的人永远都不会受到人们的尊重。有一个年轻编辑颇有才华，但是工作散漫，缺乏责任感。一次报社急着要发稿，他却不紧不慢，影响了报纸的出报时间。报社追究责任，他却为自己找了一大堆的借口，企图让报社来承担损失。

于是所有的人都对这个有才华的人充满了鄙视，他们群起而攻之，最后这个年轻人不得不承担责任。这种人永远不会得到尊重和提升，人们宁愿尊敬那些能力中等但尽职尽责的人。

不论你的工资多么低，不论你的领导多么不器重你，只要你在工作中不逃避责任，毫不吝惜地投入自己的精力和热情，渐渐地你会为自己的工作成就感到骄傲和自豪，也会赢得他人的尊重。以主人和胜利者的心态去对待工作，工作自然而然就变成很有意义的事情。

然而，无论我们从事什么行业，无论到什么地方，我们总是能发现许多逃避责任和寻找借口的人。他们不仅缺乏神圣的使命感，而且缺少敬业精神。

　　勇于承担责任不仅体现了一个人的职业道德，更体现了一个人的社会道德观和个人品质。如果一个人总是逃避责任，那么最终受害的只能是他自己，到时候再想挽救就来不及了。

像领导那样承担责任

　　为更好地履行责任，有必要以领导的标准来要求自己。一旦把企业的事情当成自己的事情，你就会发现，以前那些工作的烦恼、不快都一扫而光，你就会把企业的事情当作你最好的滋补品、最好的化妆品和最亲密的恋人。

　　钢铁大王卡内基曾说："无论在什么地方工作，都不应把自己只当作企业的一名员工，而应该把自己当成企业的领导。"你应该用领导的标准去要求自己，去从事工作。

　　当你看到企业里物品破损或者生产浪费时，你是袖手旁观还是像领导那样去竭力阻止？当你看到企业的市场正在一点点地被对手侵蚀，你是漠不关心，还是像领导那样去积极寻找对策？当你看到你的同事在工作中碰到挫折而心情抑郁时，你是采取事不关己高高挂起的态度，还是像领导那样主动地去给他鼓励？

　　领导与员工最大的区别就是：领导把公司的事情当作自己的事情，员工则喜欢把企业的事情当作领导的事情。在这两种不同心态的驱使下，他们工作的方式不可同日而语。

　　领导，不用说，任何关于企业利益的事情他都会去做，但是有些员工在公司里却往往只做那些分配给他们的事情，对于其他事情，他们往往用"那不是我的工作""我不负责这方面的事情"来推托。他们往往只是在上班的8小时为公司工作，下班之后就好像与公司没有任何关系。

有这种思想的员工，他们在脑海里把企业和自己分得很开，他们没有把自己看成是企业里一个重要的组成部分，这样的员工一定融入不了企业，也永远成不了优秀的员工。

日本的著名企业家井植黄也说："对于一般的职工，我仅要求他们工作8小时。也就是说，只要在上班时间内考虑工作就可以了。对于他们来说，下班之后跨出企业大门，爱干什么就可以干什么。

但是，我又说，如果你只满足于这样的生活，思想上没有想干16个小时或者更多的念头，那么你这一辈子可能永远只能是一个一般的职工。否则，你就应当自觉地在上班以外的时间多想想工作，多想想企业。"

所有的领导都一样，他们都不会青睐那些只是每天8小时在企业得过且过的员工，他们渴望的是那些能够真正把企业的事情当作自己的事情来做的员工，因为这样的职工任何时候都敢做敢当，而且能够为企业积极地出谋划策。无论你是领导还是员工，如果你真正热爱这个企业的话，你就应该把企业的事情当成自己的事情。

皮尔·卡丹曾说："工作使我愉快，休息使我烦恼。"一个员工，要是对工作有了皮尔·卡丹大师的这种感情，就会觉得工作越干越有劲，人越活越年轻，道路越走越宽广。

微软总裁比尔·盖茨在被问及他心目中的最佳员工是什么样时，他也强调了这样一条：一个优秀的员工应该对自己的工作满怀热情，当他对客户介绍本企业的产品时，应该有一种"传教士传道般的狂热！"

只有把自己的本职工作当成一门事业来做的人才可能有这种宗教般的热情，而这种热情正是驱使一个人去获得成就的最重要的因素。但是，毋庸讳言，在许多企业有不少员工只是将工作当成一门养家糊口的、不得不从事的差事，谈不上什么荣誉感和使命感。

甚至有很多人认为，我出力，领导出钱，等价交换，谁也不欠谁的，谁也不用过分认真，于是在工作中，只想做企业的老牛，而不是做企业的功臣。

他们没有一丝工作的热情，而是像老牛拉磨一样，懒懒散散，不求有功，但求无过。如果你真想成为一名优秀的员工，要想在企业有所发展的话，就把企业的事情当作自己的事业来做吧。

永不退缩，敢于挑战压力

大自然赋予了我们神奇的生命力，同时也给我们带来了永不停息的压力。压力从生命诞生开始，就与人们形影不离，从某种意义上说，我们无法从根本上消除压力的存在。

但是，压力也给不同的人赋予了不同的意义，压力是懦弱者不可任意逾越的鸿沟，是开拓者激发动力的源泉。因此，一个人要想取得成功，就不能逃避压力，要经得起挫折的锤炼，并勇敢地向压力发起挑战。

青少年朋友，让我们来看一个勇于挑战压力的故事吧。

著名生物学家童第周，出生在浙江省鄞州区的一个偏僻的小山村里。由于家境贫困，小时候一直跟父亲学习文化知识，直到17岁才迈入学校的大门。

读中学时，由于他基础差，学习十分吃力，第一学期期末平均成绩才45分。学校令其退学或留级。在他的再三恳求下，校方同意他跟班试读一学期。

此后，他就与路灯为伴：天刚蒙蒙亮，他就在路灯下读外语；夜晚熄灯后，他在路灯下自修复习。功夫不负有心人，期末考试，他的平均成绩达到70多分，几何还得了100分。

这件事让他悟出了一个道理：别人能办到的事，我经过努力也能办到，世上没有天才，天才是用劳动换来的。之后，这也就成了他的座右铭。

童第周就这样变压力为动力，不断向前，最终成为一个有名的科学家，为人类做出了巨大的贡献。由此可以看到，压力对于我们的发展具有重要的作用和意义。

英国大作家柯林斯的故事也足以说明这个道理。他读中学时，同寝室一个凶暴而爱听故事的学生每晚都用鞭子逼他不停地讲故事，稍有不满便用鞭子抽打他。

为了逃避鞭打，柯林斯每天用心观察周围的事物、构思故事情节并积极揣摩，久而久之，练就了出色的讲故事的本领，以后顺利写出了《月亮宝石》《白衣女人》等名篇。

上海的一位中学生，在国际竞赛中获奖了，在介绍学习经验时他谈到，在备考期间主动迎合老师的压力，对他的成功起了不可低估的作用。

既然压力对于一个人的发展具有推动作用，那是不是说，压力越大越好呢？当然不是。

压力过大会让人产生不快乐、抑郁、焦虑、痛苦、不满、悲观，以及闷闷不乐的感觉，觉得生活毫无情趣，自制力下降，人会突然发怒、流泪或是大笑，独立工作能力下降，平时好动的人变得懒惰，平时好静的人变得情绪激动，原本随和的性格突然暴躁易怒，对感官刺激无法容忍和回避，对音乐、电光、家庭成员或他人的交谈声等突然感觉无法容忍。

压力大容易使人与人的矛盾冲突增多，影响学习效果，使人变得健忘、倦怠、效率降低。

心理压力过大的人会变得冷漠而轻率，他们仍然能够处理小问题和日常活动，但不能面对他们担忧的重大问题，无法做出正确的决策，进而易做出草率的行为。

我们来看一个压力过大的事例。

在教室里，教授举起一杯水，问道："大家知道这杯水有多重吗？"同学们回答各异。

只听教授说道："它有多重不重要，重要的是你举杯的时间。一分钟，即使杯子重400克也不是问题，轻而易举。那么，举一个小时，即使它只有20克，我想你也会手臂酸痛的。那么，举一天呢？恐怕就需要救护车了。同样的一个杯子，举的时间不同，结果也就不同。"

我们每个人都会有同这杯水一样的压力。如果你一直将它扛在肩上，它就会变得越来越重，迟早有一天，你会承受不了，不堪如此重负。你应该做的是，把它放下，先让自己休息一下。

我们每个人都不可能生活在真空里，工作、学业、生活或多或少都会带给我们压力，但我们应当意识到这是普遍现象，压力每个人都有，只是大家感知的程度、对待的态度不一样罢了。

压力是坏事，也是好事，这要看我们从什么角度去看，去分析。对待压力的态度很重要，甚至决定一个人的人生。如果我们感到生活与工作没有任何压力，那表明我们很可能是目标感欠缺、动力羸弱的人。

我们有些青少年喜欢得过且过，无所事事地打发着人生，白白地蹉跎了岁月。这样生命的意义将大打折扣，这样的人生将缺乏许多色彩。

压力本身就是我们生活和工作的调味剂。面对环境的变化和刺激，我们应该努力去体验快乐，积极适应，生命有时因压力而丰富。挺过去，你一定会体会到别样的精彩！

我们必须有适量刺激，才能更好地生活。刺激过度或不足，人都无法适应。适当的压力既有利于肌体平衡，也有利于心理健康。压力能够激发我们采取行动，促使我们去做某些事情。我们的生活需要冒一些风险，我们需要承受一些压力，以确保我们从生活中获得一些东西。

既然这样，我们就别再浪费精力去阻止压力进入学习、工作、生活了，应该试着以积极的态度迎接压力，并将其转化为动力，这才是根本。

否则，我们在压力之下便会丧失信心，失掉勇气，没有了斗志，被压力所吓倒，被压力所蒙蔽，被压力所征服，被暂时的困难吓退了勇气，被面临的困境消磨了精神，被眼前的艰险击垮了信念。

压力面前采取什么态度，关系到我们一个人的人生哲学与人生的价值。只有勇于面对压力，善于把压力化为动力，我们的人生才会异常丰满，我们也才能充分体会到生命的意义。

反之，如果我们只会逃避现实，不敢直面压力，我们的人生必将黯淡，我们的生命必将缺乏光彩。

对待压力的最好方法，就是正视它，并适时地放下它，然后再精神抖擞地举起它，给自己一个焕发精力的时间。

具体来说，要想变压力为动力，首先要做的是减轻"负载"。一般来说，人之所以压力大就是因为身上的负担过重造成的，可以通过写下你所看重的和你所背负的责任来进行比较，然后分清轻重缓急，放下那些不重要的，做到轻装上阵。

要变压力为动力，就要正确看待自己，要明白超人只存在于科幻剧和影片中。每个人都有自己的极限，来认识、接受你自己的"有限"，并且在达到你的限度之前停下来，减少不必要的压力。

当压力大到已经产生压抑的感觉时，找我们信赖的朋友或者心理辅导老师诉说我们的感受，直接减轻我们压抑的感觉，这有益于我们客观、冷静地思考和计划。

另外，我们还要注意饮食习惯，当我们处在巨大的压力之下时，我们常趋向于过量饮食，尤其是一些只会使压力增加的、不利于营养吸收的食物。均衡地摄取蛋白质、维生素、植物纤维，有利于代谢糖分、咖啡因和多余的脂肪，这是减轻压力和其他的影响所必需的。

还有，我们需要确保一些必要的体育锻炼，因为这能使我们的身体更健康，并且有利于消耗掉多余的肾上腺素。要知道，肾上腺素能引发压力和伴随而来的焦虑，所以，必须注意！

敢于实践，塑造自强人生

曾有这样一句名言：

> 如果不敢去跑，就不可能赢得竞赛；如果你不敢去战斗，就不可能赢得胜利。

这句话告诉我们只有勇于实践，才能够获得成功，否则一切就将是空谈。

自强人生需要勇气

还记得赫赫有名的海伦·凯勒吗？她的生活不正是因为有了敢于面对生活的勇气，才显得更加的丰富多彩吗？她不到1岁就看不见花朵盛开时的美丽，听不到清晨鸟儿的歌唱了！然而，她不因命运的残酷而自暴自弃，她坚信乌云始终遮不住太阳。

于是，在敢于实践人生的勇气下，她于逆流敞开心扉而拼搏，于黑夜燃起心火而进取，于惊涛之中吞日月而长存……

她让梦想随着自信而飞，她让梦想借助勇气而飞得更高。骄阳，晒不枯她飞腾的翅膀；暴雨，淋不湿她对生活的憧憬；狂风，折不断她那搏击的翅膀……在一次又一次的飞翔过程中，她终于让自己"山重水复疑无路，柳暗花明又一村。"

在经过了众多磨难之后，她终于使心中的信念在辛勤地耕耘、浇灌和风雨摧残下开成满地的花朵，洞穿了与梦想的距离，叩响了信念之门，让梦想的白云漂成了帆。她奏响了生命琴弦上最动人的歌曲，闯出了属于自己的一片晴空，描绘出了人间最美的风景……

那种面对生活不甘心低头的勇气，那种敢于实践自己人生的勇气，那种面对困难挫折时勇往直前的勇气，到现在还深植在每个人的心中。

亲爱的青年朋友，美丽的浪花在岩石的撞击下绽放，人生价值在拼搏中体现。终究，美丽的彩虹会出现在你的天空。

只有勇于实践，才有成功的可能

在生活中，勇气固然重要，可是，纵使你有再多的勇气，如果只是在心里面想想，那最多也只是自己幻想一下。勇气的实现是要靠实践来完成的。

实践二字，是人生中最实在的词。不管你多么的有才，不管你多么的优秀，不管你心里有多少想法，没有实践，一切都是零。在人生的道路上，需要你拥有敢于实践人生的勇气！

每个人都想获得成功、走向辉煌，但是，这并不是轻而易举的事。一个人要获得成功，就必须勇于实践。成功需要的并不是天才，而是实干家。

梅兰芳年轻时拜师学戏，刚开始师傅说他根本不是学戏的料，不肯收他。为了弥补天资的缺陷，他变得更加勤奋。他喂鸽子、养金鱼来练眼睛，后来他的双眼终于熠熠生辉、脉脉含情，成为著名的京剧大师。

在青年时代，正是人生观和价值观形成的重要时期，所以，青年最应该做好人生的规划，做好自己人生的设计师。然后，脚踏实地地去实践，让你的一生都过的成功，幸福且有意义。

人的一生，其实就是一个不断去创造、去实践、去奋斗、去争取的过程，最关键的是要有勇气，要敢于行动。不断地挑战自我、超越自我，在实践的过程中，体现自己人生的价值。

光说不做非大智慧。只有把所有的勇气，都付出在一次实践中，你才会感觉到那种实践后的快乐。但是，也并是每一次实践都是那么的完美，你也许会遇到各处困难，在你努力之后也许没有成功。这时，你不要气馁，更不要怕实践，因为付出了不一定有收获，如果不付出就一定不会有收获。

人生的道路从来就不是一帆风顺的，它就像一条山路，有弯有直，有高有低，还会有坑坑注注的地方，偶尔也会摔一跤，但是这一跤是你走完这条路必须付出的代价。这个时候，你只有再爬起来，振作起来，努力走完这条路，才可能到达成功的终点。有句歌词说得好：不经历风雨，怎么见彩虹？没有人能随随便便成功。

做一个生活中的强者，做一个拥有勇气的强者，做一个敢于实践人生的强者，将这些观念深植你心，相信你一定会收获一个灿烂的明天！

行动，成就梦想的基石

有些青年脑子里有各种理想和梦想，一说起来就天花乱坠、心潮澎湃，但是几乎都很难成为现实。原因何在？因为很多人都没有付诸行动，只是一味地空想，所以梦想就只能是遥不可及的梦想。

如果总是在想明天再做吧，那么很有可能就会推到明天的明天。

因为明日复明日，明日何其多。很多时候"没时间"只不过是一种借口，关键还是要看你是否愿意为之付诸行动，要知道行动远比等待有意义，坐着不动永远都不会有机会。

所以，不管周围的环境是怎样的，只要心中还有信念，就要排除一切去做自己想做的，哪怕每天只是向梦想迈出一小步。当然，梦想不在于这么一小步，但梦想却又离不开这么一小步，它所代表的是你为梦想所付出的行动，有行动就有希望。

如果一个人只会高谈阔论而从不付诸行动，那他和纸上谈兵的"赵括"又有什么区别呢？

直面困难，自强不息

在困难时如果能坚持与困难做斗争，常常会获得新的成功。常言道："困难像弹簧，你强它就弱"。当我们遇到困难时，只要毫不示弱，强劲的"弹簧"也会变得软弱，也就能在生活的历练中更加自强。

生活中我们遇到的困难不仅是敌人，也可以是我们的良师益友，它出现在我们身边，要静静地沉淀一下心绪，笑对失败，以一颗平静的心面对发生的一切。认认真真做人，踏踏实实做事，终究会成功的。成功永远属于那些被困难打不垮的人，属于战胜困难自强的人。

与困难做斗争其乐无穷

世界上的事情没有什么是可悲的，上帝也没有对谁不公平，即使生活中发生一些对自己打击很大的事情，青年也可以当作是一种磨炼，只有这样的心态，才不会为了某件事情而沉沦。

当你觉得很失落的时候，多往好的方面想想，在这件事情中，你会有什么收获。只要自强、自信、自立，就能够战胜生活中的困难。

有这样的一个故事。有一个农村家庭的男孩子，家里世代都是农民，过着面朝黄土背朝天的日子。父母也都没什么文化，他自小就很懂事，6岁时就已经能自己去村里的菜园摘菜，帮妈妈编织挣钱。然而这一切并不是自然形成的。他的母亲有先天性心脏病，不能干重活，他就尽力为父母分担一些家里的负担。在艰苦的生活中，他养成了勤劳简朴、独立自强的好习惯。

他学习很刻苦，成绩自小就很突出。尤其是小学四年级，还考了全镇第一名，同时获得烟台市"希望之星"称号。那一次，父母很是高兴，那是他第一次看到父母那么快乐。当时他就下定决心一定要更加好好学习，让父母的脸上有更多的笑容。

在他上初中的时候，母亲的心脏病又一次发作了。县医院的诊断结果很严重，这对这个本来就不宽裕的家境来说，真的是雪上加霜。尽管日子如此艰难，但为了他能够安心读书，父母仍做了最大努力。在困难面前他没有低头，学习也更刻苦了，更加严格要求自己，终于考上了理想的高中，和家人一起坚持渡过了难关。

一份付出，一分收获。由于他的学习成绩优秀，连续两年获得校综合一等奖学金、一等国家奖学金以及荣获"校三好优秀生"和院"十佳学子"称号，这一切的收获也都是他在困难面前没有低头，艰苦地同困难斗争而取得的。

后来有人采访他，他说：

　　我感谢社会、国家、学校和村里的乡亲，还有我的父母，感谢所有关心和爱护我的人。

　　我会更加努力使自己成才，早一天去回报社会，帮助那些需要帮助的人。即使遇到再大的困难和挫折，我也不会服输、不轻言放弃。我始终相信，同困难做斗争，其乐无穷！

　　是啊，自强的人在困难面前是不会退缩的。

　　在生活中每个人都会碰到大大小小的困难，但每个人面对困难的态度和方式都不一样，有人无视困难的存在，因为他把困难视作是人生路途中必经的路程；有的人却没等困难到来，便先有后顾之忧；有的人畏惧困难，在困难面前缩脚不前。若你在生活之中遇到困难，又会如何面对呢？

　　有这样一则很有启发意义的童话故事：在茫茫无垠的沙漠里，骆驼像个哲学家一样，一边踱着步子，一边沉思着。在沙漠里，没有水，没有草，有的时候还会是风沙漫天，难辨方向。坚忍不拔的骆驼总是向前行走着。

　　有一天，骆驼在沙漠里发现了一株仙人掌，很惊异地停步问道："小家伙啊，你是怎么能够在这么恶劣的沙漠中生存的呢？"

　　仙人掌笑着反问说："嘻！大块头啊，那么你又怎么能在这沙漠中行走呢？"

　　骆驼回答道："我啊，因能吃苦耐劳，经过长期的磨炼形成了适应沙漠生活的特殊习性和机能，所以我能在沙漠里行走。你又是怎么能够做到的呢？"

仙人掌说："我同你一样，都是因为经过长期的锻炼，养成了抗旱耐渴的习性，拥有了适应沙漠生活的特殊机能，所以能适应在沙漠中的生活。"

骆驼又奇怪地发问道："你为什么身上长了这么多的刺？"

仙人掌笑着回答说："就是因为我满身生刺，才不会被动物吃掉。刺是我的叶子，这样的叶子不会使身体里贮藏的水被蒸发掉，所以我在沙漠里不怕干旱，能够生存下来。"

骆驼听后认真地点了点头，带着敬意告别了仙人掌，向前走去，伴着沉思：

> 不错，凡是能够在艰苦环境中生存下来的，都是经过无数次的磨炼，具有百折不挠、战胜一切的意志品质的。

当我们遇到这样或是那样的困难时，应怎么办呢？在这个小故事中，骆驼和仙人掌都是我们的好老师。它们指导我们，在我们遇到很大的困难时，我们要有顽强的意志去战胜困难，并且适应不良的环境，最终会渡过难关。

在大自然里，这样的例子还有很多，如嫩绿的小草为了呼吸到地面的空气，能够用尽全力去推开很重的石头；又如河里的鱼儿为了寻找食物，常常逆着水流往上游。

伟大的自然科学家达尔文曾说过这样的一句话——"适者生存"，它的意思是生物必须学会适应糟糕的环境才能生存下来。对于青年人来说，只有在困难面前永不退缩，克服艰难，才能使自己不断进步，才更能在现实的生活当中有更好的发展。

我们在生活中遇到的困难大大小小、各种各样，比如可能有时会缺钱花，可能会身体不好，或是会在学习中碰到很大的困难不能前进。

但如果想一想骆驼和仙人掌在沙漠中遇到的困难，我们个人所遇到的困难又算什么呢？我们一定要通过自强不息的奋斗来战胜自己遇到的困难。

对自己做的事负责

美国成功学家格兰特纳说过这样一段话：如果你有自己系鞋带的能力，你就有上天摘星的机会！一个人对待生活、工作的态度是决定他能否做好事情的关键。首先改变一下自己的心态，这是最重要的！

很多人缺乏责任感，他们习惯于在生活中寻找各种各样的借口来为遇到的问题开脱，并且养成了习惯，这是很危险的。

做事不负责，后患无穷

有这样一个历史案例，足以说明对自己做的事情不负责将造成严重后果。

周幽王，西周第十代国君。他贪财好色，昏庸残暴。一次，他得了一个美女叫褒姒，可是褒姒自从进宫后从没笑过一次。为了引她一笑，周幽王带褒姒上了骊山。原来，为了防御西戎的进犯，在骊山一带建了二十多座烽火台，每隔几里一座。西戎军队打来，就燃烧起烽火，一个连一个传递消息，附近的诸侯见到了就会发兵救援。

周幽王来到骊山，让人燃起了烽火。附近的诸侯看到了警报，以为敌兵来了，就急忙带兵救援。可赶到了骊山下，一个敌人也没看到，却听到了山上的鼓乐之声，大家都愣住了。

周幽王便派人告诉他们："不过是大王和王妃放烟火玩，你们回去吧。"

诸侯们生气极了，山下一片混乱，褒姒见到这场面却笑了起来。这就是中国历史上"烽火戏诸侯"的故事。

后来西戎军真的攻打都城丰镐时，尽管烽火台上连举烽火告急，却没人理会了，诸侯们认为这又是周幽王在胡闹。结果西戎军队攻入镐京，杀死周幽王，把财宝洗劫一空。周幽王终于自食了先前种下的恶果。

周幽王"烽火戏诸侯"，只是为了博得美人一笑，而最终的结果是自己死于骊山之下。那么原因何在呢？是他对自己的行为不负责任，失去了诚信。

一些人不能很好地做到对自己的行为负责，往往是因为对自己行为可能产生的后果缺乏正确的估计和判断。一些该做的事没有做，不该做的事反而做了。

因此，我们必须做到对自己的行为负责，只有对自己负责的人，才是真正有自尊的人，也才有资格、信心和能力承担起对他人、对社会的责任。青少年要以周幽王之类的事为戒，及早培养好自己的责任感。

勇于对自己的行为负责

人要有责任心，尤其要对自己做过的事情负责。自己犯下的错误、自己有过的失误都要靠自己千方百计来弥补和承担，不要把希望寄托在别人身上，别人没有理由和责任为你分担。为你分担了，你便要付出昂贵的代价。

我们每个人都应该对自己的行为负责，对每一个能积极主动掌控自己生活的人来说，这一基本信念是行动的基础。你或许会被周围的环境困扰而抱怨连连、自怨自艾，认为生活是如此不公平，其实你大可以摆脱环境中的负面因素，对自己的行为负起责任来，把注意力集中在改善现状上。

做事不要斤斤计较

中国有句古话："吃亏是福。"可是许多青少年朋友却颇不以为然：吃亏，为什么要吃亏？谦让，为什么我要谦让你？成全，为什么要牺牲我来成全你？

之所以有这样的想法，大多来自父母。父母对我们爱护有加，生怕我们吃一点亏。

父母出于爱护的想法，我们可以理解。但是，这并不代表我们一定要按照父母的意思去做。特别是在现实生活中，如果我们时时处处都非常强势，不能吃一点亏，这样只会让我们失去更多，吃更大的亏。

亲爱的朋友，让我们来看一个小故事吧。

我最相信的一句话就是"吃亏是福"，虽然很多人认为我太傻，但我仍固守我的名言。

一、我去扫厕所

暑假过后，我又被分到一个新的班集体。第一次大扫除，学校便让我们班去扫女厕所。大家都知道，暑假期间厕所没人管，臭气熏天，谁愿意去！组里的女生都抢着拿了抹布、刮锄去擦玻璃、锄草，叫都叫不回。

"没人愿意扫厕所，这可咋办哪！"初来乍到的男劳委瞪眼拿这群女生没办法，自己又不能代劳，急得直转圈。

"我去！"我一下子从座位上站起来。劳动委员满脸惊喜外加感激："谢谢啊，谢谢，谢谢啊！"

厕所里，那气味可想而知。但干活的我心里还寻思着："淘粪工人石传祥都能得到国家领导接见，说不定我扫厕所也能碰见哪位重要人物呢！"——呵呵，纯粹自我安慰！

二、我是大忙人

"生活是一团麻……"正当花季的我，比其他同龄人提前理解了生活是怎样的"麻"。

父亲有病，母亲虚弱，哥哥在外，妹妹年幼，作为家中长女，我不面对现实，不分担家务，行吗？采购、洗衣、夜里给父母找医生、买药都落在了我身上。

家里的事也就罢了，邻居还常常找我。今天帮大爷打水，明天帮小孩买奶，后天又帮婶子送报。到处都有我的身影。

说实在的，有时心里真有怨气："又干活，作业还堆在那儿呢！"可转念一想："唉！父母上年纪了，此时不行孝，等到他们百年之后吗？远亲不如近邻，邻居间就得相互照应。"

是的，有时，难免有些委屈，但是，付出总会有回报，给予总会有收获的：那次扫厕所，班里奖励我一个笔记本；家中有我的料理，井井有条，而且我早早地学会了自立自强……

看，"吃亏"有什么？吃亏是"福"啊！

吃亏，意味着是利益受到损失。但现实生活中，有时吃点小亏，未必就是坏事，其实，现实中许多时候都是这样，看似吃了亏，却有可能占了真正的"便宜"。

有可能，人家认为我们是个心胸广阔的人，觉得能以大局为重，不计较个人的得失，被认为是个忠厚的人，从此委以重任也说不定呢！所以我们说，能吃得眼前亏，是一种福气。

常言道，"识时务者为俊杰"，所谓俊杰，不是指那些纵横驰骋如入无人之境、冲锋陷阵无坚不摧的英雄，而是那些能看准时局，能屈能伸的处世者。

大地无私地为人类滋生丰登的五谷，绝不是毁灭自己，而是使自己的肌体更加肥沃、更加健壮；枝叶飘然落地，绝不是牺牲自己，而是使自己的生命得到延续，重现绿色；大海忘我地为大家奉献宝藏，绝不是干涸自己，而是使自己的胸怀更加博大、更加宽广；太阳用它的光和热普照大地，滋润万物，绝不是耗尽自己，而是使自己光芒四射，灿烂夺目；同样，我们拥有了吃亏的品格，就会领略到人生的完善，情怀的高尚。

天上真的会掉馅饼吗？有的人会想，这样多好啊，不劳而获，自己可以成天享清福。这种想法是错误的。

因为我们获得了满足，我们就没有机会进取，我们的心灵成长一直会停留在幼稚的阶段，我们的视野、我们的想法、我们为人处世的态度都会远远落后于那些通过自己的努力成长、进步，在挫折、困难中觉醒、奋进的人。

当外界有一丝风吹草动，有一点不合我们的心意，有一些小小的挫折的时候都可能引起我们的怨恨、沮丧，把我们的心灵击垮。所以说一个人在年轻的时候多吃点亏、多付出、少求回报，不能仅仅说这是一种高尚的品德，更多地应该从人生的历练去考虑。

成大器者，能在吃亏中历经磨难，成就自己的事业，不能成大器者，也能在吃亏中经受世间百态，从亏与不亏的世界中，从得与失、成与败中解脱出来，成为一个不看重身外之物，不关心别人是与非的人，做到内心平和，一生没有烦恼。

没有烦恼是一个人修炼的最高境界，是一个人享有的重大的福气。同样是遭遇与己不利的事情，别人烦恼，而我们还是一如既往地快乐，欣欣向上，这不就是说明我们比别人更有福吗？而有福的前提就是习惯于吃亏，习惯于无所得。

浮躁的社会，促使人们过分地看中身外之物，促使人们想方设法去用最少的劳动换取最多的财富。如果这一目标实现不了，就认为自己吃亏了。

实际上生生灭灭是宇宙间万事万物的常态，人的生活就像是月亮的运转，有亏的时候，也有盈的时候。如果我们能够乐于接受吃亏，乐于接受许多不如意的事情，我们生命的维度就会更加宽广。

我们看待人和事，无论好坏、美丑和善恶都会非常平和，我们的身心在周遭的世界中会变得非常和谐。和谐之气自会引来善缘相伴，会有宽厚正直的朋友，会有幸福美满的生活。古人说得好：用争夺的方法，我们永远得不到满足；但是如果用让步的方法，我们可以得到比期盼更多的东西。

吃亏，虽然意味着舍弃和牺牲，但也是一种品质、一种风度。如果一个人不择手段地索取钱财，追求功名利禄，那么他连做人最起码的尊严也失去了，他做人还有什么意义呢？

不怕吃亏的人，总是把别人往好的方面想，以善良的眼光看待周围的一切，他们有着豁达、淡泊、宽容的不设防的内心世界。

我们千万要记住：没有人愿意和斤斤计较的人做朋友，没有人愿意和唯利是图的人共事。一个不怕吃亏的人，才会在一种平和、自由的心境中享受人生的幸福。

第三章
小小爱心隐藏大的格局

　　爱是一种发自于内心的情感，是人对人或人对某个事物的深挚感情。因为爱，我们才觉得美好。生命才拥有了智慧、期待和求索。

　　爱是人的精神所投射的正能量。当你放下你的私心，一心为别人的时候，你内心自然而然就会充满快乐，心胸自然为之宽阔。一个人做事，只要做到了大公无私，一心为民，一心为公，他的格局肯定大。

把爱心奉献给社会

青少年朋友们，我们人生的意义到底是什么呢？怎样活着才算有意义呢？活着为自己，还是活着为他人呢？这是每个人都要考虑的问题。

"只要人人都献出一点爱，世界将变成美好的人间。"一曲《爱的奉献》之所以能久唱不衰，是因为它唱出了人们共同的心声。奉献与索取是矛盾的，一心索取的人，贪欲永远得不到满足，再者，没有别人的奉献，自己又能索取什么呢？

朋友，让我们来看一个小女孩学会奉献的小故事吧。

最近妈妈总是很忙很忙，老是出差，过年前一天才回到家。听妈妈说过完了元宵节还得出差。

"妈妈，你怎么老是不在家里陪我啊？"

"对不起，宝贝！妈妈最近在为一些聋哑孩子筹备一个慈善义卖活动呢！"妈妈一边忙着手里的工作一边回答我。

"什么是慈善义卖呀？"我有点好奇。

"你想知道吗？"我点了点头，妈妈放下了手里的笔，说："好吧！事情是这样的……"

听完了妈妈的话，我才知道原来有一个聋哑学校，那里有很多贫困家庭的孩子，他们非常需要得到社会的帮助。我仿佛看到了那一双双期望得到爱心帮助的眼睛，他们是那样地渴望能和我们一样正常地学习和生活啊！

我低着头想了想：我能做些什么呢？有了，我把自己刚写好的一副对联交到妈妈手上："妈妈，我也想帮助那里的小朋友，可是我要上学的，您可以帮我把这副对联带去吗？"

妈妈看了看我，又看了看手里的对联，一把就抱住了我，"真是妈妈的好孩子，放心吧！妈妈一定帮你完成这个心愿。"

这件事让我懂得了奉献自己的爱心是一件很快乐很有意义的事情，我们大家都应该倡导奉献精神，尽自己所能为那些需要帮助的人送去温暖和帮助。

奉献是什么呢？奉献就是小女孩那种尽自己能力帮助别人的精神，虽然只是自己写了一副对联，但是，那却代表了她有一颗乐于奉献的爱心。

奉献是不计报酬的给予，是"有一分热发一分光"，是"我为人人"。奉献者付出的是青春，是汗水，是热情，是一种无私的爱心。

奉献是李商隐的"春蚕到死丝方尽，蜡炬成灰泪始干"；奉献是龚自珍的"落红不是无情物，化作春泥更护花"。学会奉献，要有这样的精神。但是，奉献并不一定需要那样的轰轰烈烈，更多的时候，只需要拿出我们一颗爱心！

或许，在某一个路口，我们看见有人跌到了，而我们正从他的面前经过，我们是视而不见呢，还是愿意伸出我们的援助之手？伸出我们的一只手，拉他一把，给他一份站起来的勇气。也许这对我们而言只是举手之劳，微不足道。我们可知道对他而言又意味着什么呢？可能对他是莫大的鼓励。

或许，过了许久，当我们再次出现在这个路口时，我们早已忘记在这里发生的那件事。但被帮助的人却永远也不会忘记曾经在这个路口被人拉了一把。看似举手之劳的事，对他人来说却意义非凡。

从现在起，拿出我们的热情，伸出我们的双手，给别人一点帮助，奉献别人也是服务自己。只要我们每一个人都学会奉献一份热情，奉献一颗爱心，世界将会变得更加和谐美好。

青少年朋友们，让我们从现在开始，学会奉献吧！

爱是人的一种基本需要

著名作家罗曼·罗兰曾说："爱是生命中的火焰，没有它一切会变得黑暗。"

有人说：爱是理性的太阳，温暖着人群，照耀着世界，爱是感情的江河，浇灌着今天，滋润着未来。爱是无微不至的关心。

现实生活中，我们青少年应该多给别人一点关爱，有时候，长久的怨恨就在充满真诚的微笑中消散了。给别人一点关爱吧，也许一句微不足道的话语，就可以让荒芜已久的心田中绽放绚丽的花朵。俄国一位作家也曾经说："爱一个人，意味着要为他的幸福而高兴，还要为他能够更幸福而去做需要做的一切。"

一个从战场归来的士兵从旧金山（圣佛朗西斯科）打电话给他的父母，告诉他们："爸爸妈妈，我回来了。可是我有个不情之请，我想带一个朋友同我一起回家。"

"好啊，我们欢迎他！"他们回答，"我们会很高兴的。"

儿子又继续说下去："可是有件事我想先告诉你们。他在战争中受了重伤，少了一条胳膊和一条腿，他的家人不愿意接纳他，他现在走投无路了，我想请他来和我们一起生活。"

"儿子，真的好遗憾，也许我们可以帮他找个安身之处。"父亲接着说，"儿子，你知不知道自己在说些什么？像他这样的残障人会给我们的生活带来很大的负担。我们还有自己的生活要过，不能就让他这样破坏了。我建议你先回家，然后忘了他，他会找到属于自己的一片天空的。"

听到这里，儿子挂上了电话，从此以后他的父母就再也没有他的消息了。

过了几天，这对父母接到了来自旧金山警局的电话，警察告诉他们，他们亲爱的儿子已经坠楼身亡了。于是他们伤心欲绝地飞往旧金山，在警方的带领之下辨认儿子的遗体。令他们震惊的是，儿子居然只有一条胳膊和一条腿。原来先前儿子所说的朋友正是他自己。

爱是人的一种基本需要，生活中缺少爱必然会给人带来烦恼等一系列消极情绪。

我们常常会发出这样的疑问：爱是什么？其实，爱是关心，爱是理解，爱是无私的奉献。

人的一生不能没有爱，有了爱的生活才是美好的生活。我们应该爱自己的亲人、朋友，更应该去爱周围的人，爱整个社会和全人类。

倘若一个父母只爱自己的孩子，却丝毫不关心、不爱其他的人，对其他的人表现得很自私，甚至残忍。这就是一种自私的爱，也可以说是一种虚假的爱，同时，这种爱也是一个悲剧。我们应该丢弃这种狭隘的爱。

爱是真诚的、纯洁的。爱可以让秃枝长满鲜果，爱也可以让受灾的群众重新唱起欢乐之歌。

爱是一种无私的奉献，爱是纯洁而美丽的，爱是宽容又和谐的……总之，只要你真心付出爱，就可以拥有别人给予的爱。

人生的价值在于奉献

人生的价值在于奉献，乐于奉献的人常为别人着想！奉献爱心，能体现自己的人生价值，更能让自己的心灵得到洗涤。

在这个纷乱复杂的世界里，唯一能够让大家团结在一起的便是爱心。青少年是一个年轻又充满活力的群体，我们的爱心一定更具有号召力和感染力，所以我们更应该用自己的行动来让世界充满爱。青少年应该明白奉献爱心的价值和意义，哪怕是用自己微薄的力量向社会付出仅有的一点热量，也能发挥出神奇的作用。

乐于奉献，是每个青少年人生中的必修课！

对于处在困境中的人们，一次爱心的援助，带给他们的不仅仅是帮助，更是生活的温暖和未来的希望，在给受助者提供物质帮助的同时，我们更是传递了爱心，拉近了心与心的距离。施予爱心是一种生命价值的集中体现。

心存感动，才能让爱心飞扬。而拥有爱心的人才会充满对生活的热爱。热爱他人就是善待自己，爱心的回报有时候超过了金钱的价值，甚至能挽救人的生命。

2004年年末，正值印度洋海啸发生不久，一天，一对年轻的夫妇来到青岛市红十字会，他们说替朋友为灾区捐款五万元，但不愿意留下姓名。经过反复追问，他才说那就叫"微尘"吧，问其原因，他说："我们本身做的这个事情就像微小的尘粒一样，这并不是多么大的事情。"

事后工作人员一查，发现他们已经使用"微尘"的名字进行过多次大额捐款："非典"时期捐款两万元，新疆喀什地震捐款五万元，为白血病儿童捐款一万元，向湖南灾区捐款五万元……那么他们到底是谁呢？

2005年，青岛一家报社在新年的第一天开通热线寻找这对热心人。两天过后，寻人热线并未收到任何有效的线索，但在寻找的过程中，一个又一个"微尘"出现了：数名大学生拿着自己的生活费赶到街头募捐点，他们说自己是"微尘"；一名白发苍苍的老人拿着退休金走进市红十字会办公室，在募捐花名册上留名"微尘"；一位母亲抱着3岁的儿子，向募捐箱里塞进压岁钱，这位母亲说："他也当粒小微尘。"

　　一直到现在，青岛市红十字会收到的上千万笔捐款中，很多捐助者都写下了同一个名字——微尘。

　　默默无闻、不图回报的"微尘"，在青岛越来越多，从一个人慢慢发展成一个爱心群体，由一个群体成为一种普遍的风气。微尘，已经成为青岛的爱心符号。如今在青岛，从城区到农村，在大街小巷里，几乎每一本募捐册上都能看见署名"微尘"的记录，几乎每一个募捐站都会听到"我叫微尘"的回答。

　　献出爱心的这些人们各有各的缘由，有的是同情弱者，有的是乐善好施，有的是想为社会做些事情，但不管其出发点是什么，结果都是最好的。得到这些爱心的人们的生活也因此变得幸福起来。

　　所以爱心的付出并不求回报，青少年们，大家有看到他们因为得到我们的帮助而幸福地生活吗？能感觉到我们因付出爱心而日渐充实的心灵吗？一定有，真的！因为我们在施予爱心的同时，也正在体现着自己生命的价值。

　　爱心对一个人来说，是一种精神，是一种境界。"爱是一种能力，而不是对象，爱是一种主动行为，它包括责任、尊重、了解、照顾……"

　　爱心是要传递的。我们不仅仅因贫而助，更要因爱而助人。爱心会让我们懂得生命的价值。

　　在德国北方一个小镇的修鞋店内，有一个用红白大理石修建的专为非洲捐鞋的"捐鞋台"，捐鞋台上几乎每天都摆放着各式各样的鞋。那些鞋看上去都十分干净，和新鞋没有什么两样。

更震撼人们内心的是店内正面墙上悬挂的一幅黑白大照片：一个瘦骨嶙峋的黑人躺在杂草丛生的公路旁，两手抱着流血的双脚，痛苦万分。

鞋店店主正是因为看到这张20世纪60年代的照片，才改变了自己的人生。他萌生了向非洲捐鞋的想法，于是就辞去鞋厂主管的职务，办起了修鞋店并且修建了捐鞋台。

他说："看到这张照片时，我有生以来第一次在众人面前流下了眼泪，那是一个日耳曼男人的眼泪，绝不是轻易流淌的。"

不同的人有着不同的命运，有的人生来就衣食无忧，而有的人却食不果腹；有的人整天生活在幸福之中，而有的人却在遭受着灾难的折磨。

那么，我们为什么不去帮助他们？帮助他们重新找到应有的幸福呢？也许我们的力量是有限的，可是最重要的是付出爱心，哪怕只是在精神上安慰他们一下也好。

也许你今天能给予别人的帮助，是你的心而非你的钱，这也不要紧，有爱心是最重要的。青少年朋友，你可以少买一件你并不是十分需要的物品，你可以用自己的爱心去帮助灾区或者在你身边遭遇困难的人。

爱心是人生中最宝贵的东西，拥有无私"爱心"的人是善良的人。

在这个世界上，没有人必须为谁做什么，也没有人必须要做什么，很多时候爱心行动是一种自觉自愿的行为。如果每一个人都拥有爱心，都愿意以爱心去面对生活，面对工作，面对朋友，那这个世界将多么美好啊！

拥有一颗爱心，常怀感激之情，就如同在心中点燃一盏灯。灯的光芒，足以温暖冰冷的心灵，足以赶走沉寂的黑暗。拥有爱心，学会感激，就如生活在一个温馨浪漫的家园里，足以让你享受甜甜的梦、浓浓的爱。所以，青少年们要用自己的爱心去温暖身边那些需要爱的人。

爱是无价的，爱也是不易言表的，爱需要我们自己去体味。只有付出了爱，才会收获爱的芬芳，只要我们真心地想着他人，那就会收获他人的爱心。

爱心是每个人都需要的，如果没有爱心，那么外表看似充实的生活其实非常空虚，人生就没有真正的价值了。拥有一颗爱心会让你感受到人间的真情所在，让你的生活充满绚丽色彩。

因此，青少年朋友在成长的道路上一定要充满爱心，对人对己都要一样。要时刻记得：奉献出自己的一份爱心，人生才会更加美好。

生命的目的在于爱人

每个人的生活中，爱是一个不可缺少的重要元素。它就像蜜一样甜，像薄荷一样润喉，像春雨一样润心，像盛开的鲜花一样赏心悦目……在爱的海洋里，人们很容易陶醉其中。世间的爱有许多种，母爱是伟大的，父爱是豪迈的，朋友之爱是热情洋溢的……在人一生中会或多或少品尝许多种爱，有时人对爱的理解因渴求不同也就有所不同。其实，让世界充满爱是人类永恒的追求。

"让世界充满爱"这句话给人的启迪的确很深，因为在我们身边，父母的关爱，朋友的友爱，集体的温暖，无不使我们感动。

让世界充满爱，让我们爱每一个人、每一个生命！其实在我们的生活中，爱，永远是我们亘古不变的话题，这是因为爱的确在平凡的生活里给了我们太多的感动。

1991年，何平出生在浏阳市澄潭江镇吾田村。她的母亲患有脑膜炎后遗症，后来发展成间歇性精神病，经常几天不回家。父亲患顽固性支气管炎多年，1986年因车祸切除了脾脏，基本失去了劳动能力，还经常吐血，只能在花炮厂制引线。

父母治病要用钱，懂事的何平从五六岁开始，就跟村里的婶婶、婆婆学挣钱。上学后，何平依旧利用课余时间插引线、卷筒子。吾田小学校长何荣春老师，至今还记得每学期开学交钱，何平都会交来皱巴巴的一沓小额钞票，"都是她打工挣来的"。

何平12岁那年，弟弟何君出生了，但不久弟弟便被诊断患有先天性心脏病。2008年8月，弟弟心脏病突发。因为此前为了凑父亲的医疗费，何家早已借债数万元。为了让唯一的弟弟长大成人，何平到处打听能不能给弟弟免费治疗。后来，她听说省慈善总会联手湘雅医院推出了一个免费治疗的项目，何平便一次次打报告，只身一人到省慈善总会，终于申请到了为何君免费手术的机会。

上大学时，弟弟一直是何平的牵挂。一次回家时，何平看到弟弟面黄肌瘦，连续几周重感冒，而且还有些自闭倾向。何平便带弟弟去检查，发现弟弟身体状况很不乐观，如果再不加强营养，会影响身体和心理发育。

要不带弟弟上大学？敢想敢做的何平很快用真诚打动了湖南科技大学附属小学的负责人。转学手续很快办好，而且学校免去了他们的学杂费，姐弟俩搬进了小小的家。

从此，何平利用课余时间一边做家教挣钱，一边学习，并照顾弟弟。她每天的日程安排得满满的：早上6点起床，自习一小时，招呼弟弟起床，早餐后送弟弟上学。中午接弟弟去食堂吃饭，打扫校园卫生半小时。晚上陪弟弟去图书馆学习，等到帮弟弟洗完澡、洗完衣服后，自己再看书，一般凌晨1点左右才睡。

除非父亲生病住院需要人照顾，何平基本不回家，因为觉得路费贵，也怕影响当家教。除了两人的开支外，何平每个月都要寄钱回家，以给父母看病、生活。

2008年7月31日，何平随意翻看着报纸，一则新闻吸引了她的注意。新闻里说一个男孩的妈妈得了重病，但因家庭贫困，男孩准备辍学打工，希望得到社会救助。

何平想到了自己的经历，毅然从自己的3000多元存款中分出了一半，亲自送到男孩家里。

1600元钱，对于还在上学的何平来说，无疑是个不小的数目，而何平却将这笔钱捐给了一个素不相识的人。

　　面对记者，何平说，如果没有别人的帮助，爸爸和弟弟也得不到及时的救治，所以自己会尽力帮助需要帮助的人。

生命的目的在于爱人。我们做人到底拥有多少成功和快乐，这要取决于我们到底付出了多少爱，又有多少人在爱我们。何平做到了，她在奉献的同时也得到了大家对她的关爱。

做人最可贵的是爱，爱的力量是巨大的，因为它能到达才智难以到达的彼岸。

爱人者，人恒爱之；敬人者，人恒敬之。爱是一种活动的情感，不是静止的东西。爱是我们生活中一种很特殊的经验，要想拥有它，最佳办法是把它施舍给别人。诚如法国一位哲学家所说："我们每个人都有很多的同情、很多的爱心，这比维持我们生存所需要的要多得多。我们应该把它施舍给别人，它会使生命开花。"

当我们走过泥泞，走过坎坷时，留下的不是痛苦和辛酸，而是从关爱中感受到的甜蜜与温暖。爱，似石上的清泉，涤荡着人的灵魂；爱，似一缕清风，吹拂着人的心灵；爱，似皎洁的月光，柔柔地、亲切地洒满人间。

　　邹桂芬是湖北省十堰市郧阳区南化塘镇罗堰村罗堰教学点的一名教师。因为教学点地处深山中，交通不便，环境艰苦，多年来，选派到这里的老师来了又走，而邹桂芬老师一待就是30多年。

　　罗堰教学点现有学生16名，分学前班、一年级、二年级三个班级。这三个班级只有邹桂芬老师一个人负责授课，她要备语文、数学等不同班级的多门课程。为此，她把三个班级的学生编成一个班，用不同的教材，在同一节课里对不同年级的学生进行教学。在给一个班级讲课时，她让其他班级的学生做作业或复习，并有计划地交替进行。

除了教学工作外，邹桂芬老师还要负责为几名家住得远的学生做午餐。教了30多年书，她背孩子过河也背了30多年。罗堰教学点紧挨着一条60米宽的河，这是孩子们上学的必经之路，每到雨季或上游水电站发电放水，接孩子过河，便成了再平常不过的事。

几十年来，邹桂芬送走了一批又一批学生，把自己也奉献给了这所大山里的学校。

我们的爱心，可以装饰别人的梦，也能教会别人如何去爱。若我们每个人都能尽自己所能为这世界奉献自己的一片爱心，那么这个世界将会少了许多忧伤和怨叹！因为有爱，我们的世界变得温暖，爱，让我们的生活充满激情。让我们去创造一个美好的世界，向身边需要帮助的人伸出援手，让爱荡漾在我们的身边。

热爱生活吧，相信未来会更加美好，让我们共同期待这世界充满爱，让爱驻留在我们每一个人的心灵深处。

我们生活的环境不是完美的，我们生存的世界需要有更多的人用博大的爱去完善它。当我们在失落的边缘徘徊时，亲切的问候与真诚的关怀是风雨之后的一道彩虹；当我们与病魔抗争之时，一句贴心的鼓励便是一缕和煦的春风……

这个世界需要爱，也正是爱搭建起了人与人之间交流的桥梁，构造出了完美和谐的社会。爱，滋润着我们每一个人，让我们感到温馨而快乐，让我们远离冰冷与痛苦，让我们在绝望中看到希望。正因为此，我们肩负的责任更加重大，我们有义务与责任把爱的种子播撒在世界的每一个角落，让世界处处都有爱。

用爱搭起心的桥梁

青少年朋友们，我们每一个人都渴望得到理解，但也要学会理解别人。理解就像一座桥梁，沟通彼此的心灵；理解就像一盏明灯，驱走我们心中的阴影。

如果少了理解，我们就少了太阳，因为无论是亲情还是友情都少不了理解的"催化"。有位哲人曾说过：善于理解别人的人，发现世界上到处都是一扇扇门；不善于理解别人的人，发现世界上到处都是一堵堵墙。

理解是对别人的爱，也是对自己的爱。理解是一种高贵的语言，是心灵默契的一种升华。或许我们做不到"海纳百川，有容乃大"的宽宏，但是我们却可以用一颗坦诚、恳切和充满爱的心去面对身边的人与事，多一分理解，就多一分温暖；多一分理解，就多一分感动；多一分理解，就多一分美好。

可是，我们却往往因为各种不必要的原因，忘记了理解别人，也得不到别人的理解。青少年朋友，让我们来看一个关于理解的故事吧。

那天，阴雨绵绵，也许心情也和天气一样吧！

一个人在家，无聊得很，直到晚上吃饭时，才和父母说上几句话，结果没想到，聊不上几句话，就因为分歧大吵了起来。

一气之下，我夺门而出。一路狂奔，内心不知道在想什么，也许是愤怒和恨吧，脑子一片空白。我真恨自己也恨父母，心里面非常矛盾！

不知不觉地，跑得很远了。过了会儿，肚子饿了，一摸口袋没带钱，怎么办？无能为力。

一个人在马路上游荡，反正不想回去。

走着走着，看见一个摆小馄饨摊的。肚子是真饿啊！可惜没钱。挣扎和徘徊，真希望那位摊主老阿姨能免费送一碗充充饥也好！可惜哪有这种好事。

扭头正准备走，那位阿姨叫住了我，说：小伙子，看样子你肚子饿了吧！想吃小馄饨吗？坐下来吃吧……

我说我没带钱，她说："没关系，一碗小馄饨算我送你吃的。"

我心里暗想，哪有这么好的事，可是还是不由自主坐下了。

肚子真是饿了，馄饨刚端上来我就全吞下肚了。我一下子感觉好温暖。虽然还没吃饱，不过我真的很感激她。

她看我一脸的疲惫，问我说："怎么回事啊？年纪轻轻的看上去像个老头子一样愁眉苦脸的？"

我说："我和我的父母不和，吵架了，不想和他们再待一块儿了，有代沟。"

听完我讲的，她若有所思。

我说："谢谢您，钱我会给你补上的！"刚准备走，她却说了一句我这辈子估计都不会忘了的话："小伙子，我们素不相识，我就免费给你下了碗馄饨吃，你真的很感激我对不？那么你的父母养育你这么大，烧了多少顿饭给你吃，你有感激过他们吗？"

是啊！父母养育你这么大，烧了多少顿饭给你吃，你有感激过他们吗？父母的辛苦操劳你理解了吗？你是否曾因为妈妈的一句严厉批评摔门而去呢？

"慈母手中线，游子身上衣。"哪位母亲不关爱自己的子女？见微知著，母亲的一言一行、一举一动，都渗透着丝丝爱意。然而我们却往往看不见这心酸的泪，看不见这关爱的心。

理解是风，吹散战争后曾经硝烟弥漫的纱幕；理解是雨，点点滴在阴霾笼罩的心灵上，洗去尘埃。理解就像品茶，品出了苦尽甘来的香甜；理解就像一团火，将冰冷已久的心灵一点一点地融化。

我们在人生之路上总会遇到一些坎坷和挫折，而这时候，我们最需要的就是别人的理解和帮助，但我们只想到自己需要理解，而有没有更多地考虑别人也需要理解。

当我们理解别人的时候，也会得到别人的理解；我们只有去理解别人，才会得到别人更多的理解。当我们都能相互理解时，世界就将变得更加美好。

我们只要设身处地为他人着想，从他人的角度看问题，就能理解许多自认为错误的举动，就能抚慰许多受伤的心……学会理解，并不意味着失去了自己的立场，掩埋了自己的自尊；而不学会理解，就意味着失去了自己的道德、出卖了自己灵魂！

理解亲情，让我们学会感恩与回报。亲情是我们面世的第一份感情，深厚而浓郁，倾尽了父母的一生，也蕴涵了手足的同心。

爱有各种各样的表达方式，或含蓄，或直接，或温柔，或激烈，别用我们的不理解去大意地伤害、也别让我们的偏执去无端误解，请理解亲情的无私与博大，学会在点滴中去感动，继而感恩，只有我们拥有一颗感恩的心的时候，我们才会用更深的爱去回报。

理解友情，让我们执着于感动与拥有。友情是我们人生里的一面帆，也是我们前进路上的一盏灯，是生活历程里长久的一种快乐，也是坦途坎坷中融合的一种温暖。

理解笑容里的坦诚，理解问候里的关切，用宽容去包容疏忽，用热情去化解矛盾，感动与平时生活一路相伴，领略互勉互助里的一生拥有。

因此，请理解忙碌之后的满身疲惫，请理解等待之中的漫长寂寞，请理解唠叨里隐藏的关爱，请理解平实里蕴含的真理。理解多了，抱怨少了，伤害少了，爱也就浓了。

青少年朋友们，敞开你的心扉，让自己去理解别人，也让别人来理解自己吧！

施以爱心，不图回报

青少年朋友，你知道吗？爱心不仅包括对我们自己的关爱，还应该包括对他人的关心。因为，关爱是相互的，只有学会关心他人，才能得到别人的关心。

关心是一种付出，更是付出后的收获；关心是一种奉献，更是奉献后的喜悦。关心他人是一种真挚的行为，是一种尊重，是一种欣赏，更是一种幸福。

如果世界是一间小屋，关心就是小屋中的一扇窗；如果世界是一艘船，那么关心就是茫茫大海上的一盏明灯。被人关心是一种美好的享受，关心他人是一种高尚美好的品德。

青少年朋友们，让我们来看一个关心他人的故事吧。

一天，一个贫穷的小男孩为了攒够学费正挨家挨户地推销商品。劳累了一整天的他此时感到十分饥饿，但摸遍全身，却只有一毛钱，怎么办呢？他决定向下一户人家讨口饭吃。

当一位美丽的女孩打开房门的时候，这个小男孩却有点不知所措，他没有要饭，只乞求给他一口水喝。这位女孩看到他很饥饿的样子，就拿了一大杯牛奶给他。

男孩慢慢地喝完牛奶，问道："我应该给多少钱？"

女孩回答道："一分钱也不用付。妈妈教导我们，施以爱心，不图回报。"

男孩说："那么，就请接受我由衷的感谢吧！"说完男孩离开了这户人家。此时，他不仅感到自己浑身是劲儿，而且还看到上帝正朝他点头微笑。

其实，男孩本来是打算退学的。

数年之后，那位女孩得了一种罕见的重病，当地的医生对此束手无策。最后，她被转到大城市医治，由专家会诊治疗。

当年的那个小男孩这时已是大名鼎鼎的霍华德·凯利医生了，他也参与了医治方案的制定。当看到病历上所写的病人的来历时，一个奇怪的念头霎时间闪过他的脑际。他马上起身直奔病房。

来到病房，凯利医生一眼就认出床上躺着的病人就是那位曾帮助过他的人。他回到自己的办公室，决心一定要竭尽所能来治好恩人的病。

从那天起，他就特别关照这个病人，经过艰辛努力，手术成功了。凯利医生要求把医药费通知单送到他那里，在通知单的旁边，他签了字。

当医药费通知单送到这位特殊的病人手中时，她不敢看，因为她确信，治病的费用将会花去她的全部家当。最后，她还是鼓起勇气，翻开了医药费通知单，旁边的那行小字引起了她的注意，她不禁轻声读了出来：

"医药费：一满杯牛奶。霍华德·凯利医生"。

施以爱心，不图回报。这个女孩做到了，因此她不仅让小男孩得到了一杯牛奶，更让小男孩得到了一份永恒的关爱。这份关爱在传递，传递给了所有病人，也包括她自己。

其实，互相关心并不是我们人类所独有的，世界万事万物都是如此。朝阳出来了，云彩为它梳妆；新月上来了，群星为它做伴；春花开了，绿叶为它映衬；小鸟鸣唱，蟋蟀为它伴奏……天地间的万物都在向我们讲述着关爱的故事。

人是万物之灵，人与人之间的关系也只有用爱来编织才能天长地久，如果你留意，你就会发现，每时每刻你都生活在周围人的关爱之中，你是不是也产生了关心他人的想法呢？

早晨，妈妈有些发烧，你悄悄地把药品放在她的枕边；路上，有小孩跌到，你轻轻地把他扶起来；课后，同学们满头大汗，你悄悄地递上一张面巾纸……关爱他人，就要从点点滴滴做起。

某天，你发现同学闷闷不乐，就主动陪他散步，跟他聊天，驱除他心中的烦闷和迷惑……关心他人，就得从小处做起。

学会关心别人吧，它会使你在人群中不被孤立，不被排斥，永远得到别人的关爱。你遇到了麻烦，正当焦头烂额之际，就会有许多人出现在你面前，帮你解决问题。当你向他们道谢的时候，他们会说："没什么，你不是也帮过我们吗？"

学会关心别人吧，它会使你的生活到处充满阳光，充满欢笑。那些被你关心过的人，大多成了你的朋友。朋友之间，谈笑嬉戏，互相吐露心声，互相憧憬未来，快乐幸福共同分享，烦恼苦闷一起分担，大家一起品味着生活中的酸甜苦辣。

关爱是人生中温暖的春风，送心灵远航；关爱是人生中皎洁的月光，伴着人们走向远方；关爱是人生中重要的元素，让人们的精神拥有无尽的力量。

人世间，沧海桑田，高山有崩塌的时候，河流有干涸的时候，唯有关爱，超然于一切事物之上，永远永远……

青少年朋友，现在让我们唱起《让爱满天下》这首歌，并开始学会关心别人吧。

你伸出温暖的手，我说着贴心的话。

齐心协力肩并肩，共建和谐幸福家。

让爱传天下，困难都不怕。

温暖每一个心灵，平安你我他。

……

你离开温馨的家，我捧出关爱的心。

万众一心渡难关，建设强盛大中华。

让爱传天下，困难都不怕……

施予不是付出，而是拥有

青少年朋友，让我们先来看一个小故事吧。

刘丽丽是一名优秀的医护人员。去年夏天女儿考上大学，去了遥远的南方，丈夫也与她签订了离婚协议，离她而去。她一个人孤寂寥落，人如浮萍，心若苦雨。每天工作之余她去唱歌、去跳舞、去美容、去休假、去旅游，但寂寞孤独始终如影随形，不肯离她远去。

后来经朋友介绍，她自愿加入了老年人互助中心。工作之余常去照顾关心孤寡老人，为老人们洗衣做饭，解闷聊天，讲解保健知识，老人生病了就主动细致地进行护理，多年的医护工作经验有了更为广阔的用武之地。

她热情周到细致的服务，不仅为孤寡老人排除困难，解除病痛，还为自己赢得了自信、欢乐和赞誉。通过帮助他人，为自己打开了一扇全新的窗。

看着她阳光灿烂的脸，她的朋友忍不住问她为什么在自己最困难的时期还想到去帮助别人呢？她告诉朋友，她最痛苦的日子里，在一本书上看到了这样的话："如果你得不到爱和关心，如果你失去了盼望，那么应该向别人施予爱和关心，尝试给别人盼望。虽然你那样贫穷，但当你施予的时候，你会发现你好像拥有了爱和关心，有了新的盼望。"她试着去做并且成功了。

原来施予不是付出，而是拥有！

如果你得不到爱和关心，如果你失去了盼望，那么，你应该向别人施予爱和关心，尝试给别人盼望。虽然你那样贫穷，但当你施予的时候，你会发现，你好像找到了爱和关心，你会发现你很富有。当你施予，你就拥有。

在一条偏僻漆黑的小巷，有一个盲人一手拿着一根竹竿小心翼翼地探路，一手提着一只灯笼。有人忍不住问他："您自己看不见，为什么要提个灯笼赶路？"

盲人缓缓说道："提个灯笼并不是为自己照路，而是让别人容易看到我，不会误撞到我，这样就可保护自己的安全。而且，这么多年来，由于我的灯笼为别人带来光亮，也能为别人引路，人们也常常热情的搀扶我，帮助我，使我免受许多危险。你看，我这不是既帮助了别人，也帮助了自己吗？"

照亮别人，多么令人感动，当我们在需要帮助的时候，恰巧就有一个帮助你的人出现，我想任何一个人都会感觉到幸福！

在这个世界上，个人的力量总是单薄的，任何一个人都离不开他人的帮助。常言道："一个篱笆三个桩，一个好汉三个帮。"正是由于大家相互帮助，相互关怀，这世界才会这般温暖，这般美好。

如果在对方处于危难境地的时候帮助他，就能给对方带来力量和信心，使他们有更大的勇气去战胜困难。别人也定会有"滴水之恩，涌泉相报"的感激。

参与公益，奉献爱心

参与公益多献爱心，是我们乐于助人的表现。公益活动是指一定的组织或个人向社会捐赠财物、时间、精力和知识等活动。生活中，每个人都需要关爱。

如果没有关爱，社会生活就会枯燥无味，人间就没有真、善、美。只要处处有关爱，世界才会变得更美好、更灿烂。

"只要人人都献出一点爱，世界将变成美好的人间。"每当大家听到这首歌曲的时候，心里顿觉升起阵阵暖意。参加公益活动，就是献出我们的爱心！

青少年朋友，让我们来看一个献爱心的故事吧。

　　寒假刚开始，我在妈妈的鼓励下报名参加了我们小区的公益活动——为社区孤寡老人送温暖、献爱心。一大早，我们带着米、油、糖来到独居的吴奶奶家中，80多岁的吴奶奶看到我们，高兴得合不拢嘴了。

　　我们一放下东西，就为吴奶奶擦窗户、拖地板，还把吴奶奶家坏了好几天的电灯修好了。

　　我们看到吴奶奶的头发乱蓬蓬的，就烧水给她洗头发。大姐姐小英负责洗，我在一旁当帮手，递洗发水，拿毛巾。洗完头发，吴奶奶一个劲地说："真舒服，你们真是一群好孩子。"最后，我们还把吴奶奶换下来的衣服都洗干净了。

　　时间过得真快啊，两个多小时一下子过去了，吴奶奶家变得整洁干净了，我们要和吴奶奶再见了。吴奶奶感动得流着泪说："谢谢，谢谢你们。"

　　在回家的路上，寒风吹来，我却一点都没感觉到冷。我为自己能付出自己的一片心意，心里暖洋洋的。

如今的我们大多都是独生子女，在家中处在中心地带，饭来张口、衣来伸手，整天被爱包围着。于是我们在家长的溺爱下，形成了不少弱点，其中最大的弱点就是缺乏爱心，心目中只有自己，不关心他人。

因此，参加公益活动，对于培养我们的爱心具有不可替代的重要意义。

上面故事的小作者正是因为参加了一次公益活动，才会有这么多感受的。放眼社会，多少失学儿童需要关爱，多少孤儿需要关爱，多少贫困地区的人需要关爱，多少在病魔折磨下的病人需要关爱……这些都需要我们伸出关爱的手！

有一首歌叫作《爱的奉献》，里面这样唱道："只要人人都献出一点爱，世界将变成美好的人间。"每个人都有三重身份，除了是一个个人外，还是一个家庭成员，同时也是一个社会人。

因此，我们每个人的行为举止，不仅仅要对自己负责，也会对家庭和社会产生影响。尽管每个人于社会很渺小，就像大海中的一滴水，虽然它不能改变水的质量，但谁也不能说它的影响是不存在的。

患绝症的人希望康复；战争中的人希望和平；贫困区的孩子希望上学。他们的希望靠什么来满足？只有爱心。

因为有爱心，才有伟大无私的奉献者：献血、献肾……不计回报。因为有爱心，才有无数的人们关心战地的难民。因为有爱心才有希望小学、希望工程……

爱，是这个世界最真挚的情感，毫不造作。所以，它令人感动。2005年，被评为感动中国十大人物之一的洪战辉，是亿万人关注过的名字，他为什么在原本已经很困难的情况下养育弃婴？他的爱心拯救了一个生命，他的伟大塑造了一个灵魂。他得到的不只是名声，而是全社会对他的敬意。他首先唱响"感动中国"的歌声，嘹亮而且震撼人心！

爱心不是心血来潮，当它从你心中萌发的那一刻起，就注定了与你共存。有一本书中这样说："水一旦深流，就会发不出声音，人的感情一旦深厚，就会显得淡薄。"爱心也亦是如此，它一旦植入人心，就会变成永恒。

因为有了有爱心的老师，才会有茁壮成长的学生；因为有了有爱心的医生，才会有逐渐康复的病人；因为有了有爱心的社会，才会有团结奋进的国家。

"公益"已经成为电视节目的流行词。大家熟悉的节目《勇往直前》，是一个为了公益事业而制作的娱乐节目，受到众人的关注，引起了社会极大的反响。那些名人为了给贫困山村的孩子们建一所希望小学，挑战自我，挑战极限。

我们在为公益事业贡献自己那一分力量的时候，为的不是掌声，不是别人的称赞，而是给自己的人生添上彩色的一笔。如果每个人献出一份爱、一个微笑，社会将充满爱。

人活着不能只为自己，也要为社会尽自己的一点力量。并非一定要成就伟人或什么大事业才可以对社会做贡献，日常生活中，有许多需要我们为社会尽职尽责的地方。

青少年朋友们，让我们携起手来，为公益事业做出自己的一份贡献，献出自己的一分力量吧！我们同唱一首《天下一家》，祝愿我们青少年在未来的公益活动中，成为亲密的一家人：

……

祝福你，天下一家。

勇敢的旋律，在耳边回响。

心灵的深处，充满神奇的力量。

用纯洁善良战胜贪婪的欲望，

我这地球村庄，So Wonderful（非常美妙）。

每一个新的生命在期待，

美好世界，是他们的未来。

……

帮助别人，快乐自己

苏联一位著名的教育家曾说："对人来说，最大的欢乐、最大的幸福是把自己的精神力量奉献给他人。"

索取的幸福是短暂的，奉献的幸福是长久的。太阳的价值在于给大地带来无尽的光明和温暖，大地的价值在于给人类提供生息的空间和资料，那么，人类生存的价值何在呢？人的价值在于奉献，对大自然的奉献，对人类自身的奉献，人们在奉献中体现自身的价值，体会幸福的真正含义。

奉献，一个多么伟大的字眼，一种多么高尚的行为。它使孤寂的心灵重新获得希望，使寒冷的冬夜变得如春天般宜人。但有些人却把奉献当作绊脚石，以索取为荣，以索取为乐。

虽然这些人暂时可以得到一点蝇头小利，但却永远失去了人生真正的欢乐，也失去了自身的价值。他们已沦为吃喝的机器、玩乐的木偶，他们的生命早已在贪婪地索取中化为腐朽。因为，人生的意义在于奉献，幸福的真谛在于奉献，而非索取。

人生时时处处充满奉献。革命先辈的满腔热血是悲壮的奉献，英雄人物的舍己为人是伟大的奉献，老师对我们的谆谆教诲是无私的奉献。

虽然我们无法像农民一样挥汗如雨，耕耘收获；虽然我们无法像工人一样开动机器，炼铁织布；虽然我们不能像战士一样戍边抢险，报效祖国，但是，我们可以努力学习，帮助同学，为集体做贡献，将来成为对社会有用的人。

中央电视台曾报道过一位平凡的邮递员王顺友的感人事迹。20年来，他一直在苍苍逶迤的大凉山深处，在危险孤寂的邮递路上，跋涉人生，只为做好一件事：把邮件送到目的地。他说："活儿再苦再累也得有人干，只要我能走，就不会扔掉手中的马缰绳。"

从这朴实的话语中我们看到了他的人生目标。王顺友是幸福的，他的幸福来自收件人的欣慰；王顺友是平凡的，他在平凡中塑造了自己伟大的人生。正如有位哲人所说："人只有为自己同时代的人的完善，为他们的幸福而工作，他才能实现自身的完善。"

这些事情并没有见义勇为、舍己救人的事迹那么感人至深，甚至不足挂齿，但是却让我们感到主人公那默默无闻、无私奉献的精神，因为周围的人因他的奉献而感到幸福、感到快乐。所以，他的人生是有价值的、有意义的，同时，他也是幸福和快乐的。

曾几何时，人们终日被"人活着究竟是为了什么？""活着有什么意义？"之类的问题困扰着，找不到人生的坐标，碌碌无为地过完我了自己的一生。这样的人生是平庸的人生。

爱因斯坦曾经说过："衡量一个人的价值，应当看他贡献了什么，而不应当看他取得了什么。"是的，人生的价值是给予而不是得到，是奉献而不是索取，这就是我们提倡的无私奉献的精神。

有些人把奉献作为自己人生的座右铭，视奉献为荣，以奉献为乐，在奉献中体味人生的幸福，在奉献中体现自己的人生价值，这样他们的价值将会得到社会的认可。"不以善小而不为，不以恶小而为之"，把奉献作为自己人生的目标，甘于奉献，乐于奉献，必定会在奉献中实现自己的人生价值。

丛飞，出生于辽宁的著名歌手，1992年从沈阳音乐学院毕业后到广州闯荡，两年后到深圳发展。1994年8月丛飞应邀参加在重庆举行的一次失学儿童重返校园义演，从此开始了他长达11年的慈善资助。

当时，36岁的丛飞，唯一的职务是深圳市义工联艺术团团长，这是一份没有薪水的社会工作。作为一名职业歌手，丛飞以唱歌为生，但他又是一名五星级义工，10年来为社会进行公益演出达300多场，义工服务时间达到3600多小时。

作为一名著名歌手，丛飞的商演频繁，他本可以过上富裕的生活，但他倾其所有，累计捐款捐物300多万元，资助贵州、湖南、四川等地贫困山区的183名贫困儿童，自己却一直过着非常清苦的生活。

丛飞先后被授予"中国百名优秀青少年志愿者""深圳市爱心市民""深圳市爱心大使"等荣誉称号。

2005年5月丛飞被确诊患有胃癌，进入深圳市人民医院接受治疗。5月27日丛飞在病房中宣誓加入中国共产党。2006年4月20日丛飞离开了我们，年仅37岁。

　　丛飞生前曾多次表示："帮助别人是一种快乐，只要给我生命，我就要给别人带来快乐。"

我们一直在追求幸福，追求快乐，然而，幸福源于奉献，快乐也来自奉献。能否奉献与财力无关，与能力无关，而是取决于一个人自身的意愿。如果谁说自己没有奉献的能力，那就想想丛飞吧！如果谁说自己不能带给别人快乐，那就想想丛飞那灿烂的笑容吧！

懂得感恩，回报社会

　　和谐，有人就文字结构对此二字做出颇为形象的诠释：和，从禾从口，意即人人有饭吃；谐，从言从皆，就是个个可发言。由此观之，和谐社会便是人人有饭吃，人人可说话的友爱社会。

　　这种以高度现代文明为特征的社会，需要我们青少年具备感恩意识。因为不懂感恩，就不会有友爱；没有友爱，何来社会和谐呢？由此可见懂得感恩的重要性。

　　青少年朋友们，让我们来看一个懂得感恩的小女孩的故事吧。

　　在一个闹饥荒的城市，一个家庭殷实而且心地善良的面包师把城里最穷的几十个孩子聚集到一块儿，然后拿出一个盛有面包的篮子，对他们说："这个篮子里的面包你们一人一个。在上帝带来好光景以前，你们每天都可以来拿一个面包。"

瞬间，这些饥饿的孩子仿佛一窝蜂一样涌了上来，他们围着篮子推来挤去大声叫嚷着，谁都想拿到最大的面包。当他们每人都拿到了面包后，竟然没有一个人向这位好心的面包师说声谢谢，就走了。

但是，有一个叫依娃的小女孩却例外，她既没有同大家一起吵闹，也没有与其他人争抢。

她只是谦让地站在一步以外，等别的孩子都拿到以后，才把剩在篮子里最小的一个面包拿起来。她并没有急于离去，她向面包师表示了感谢，并亲吻了面包师的手之后才向家走去。

第二天，面包师又把盛面包的篮子放到了孩子们的面前，其他孩子依旧如昨日一样疯抢着，羞怯、可怜的依娃只得到一个比头一天还小一半的面包。

当她回家以后，妈妈切开面包，许多崭新、发亮的银币掉了出来。妈妈惊奇地叫道："立即把钱送回去，一定是揉面的时候不小心揉进去的。赶快去，依娃，赶快去！"

当依娃把妈妈的话告诉面包师的时候，面包师面露慈爱地说："不，我的孩子，这没有错。是我把银币放进小面包里的，我要奖励你。愿你永远保持现在这样一颗平安、感恩的心。回家去吧，告诉你妈妈这些钱是你的了。"

她激动地跑回了家，告诉了妈妈这个令人兴奋的消息，这是她的感恩之心得到的回报。

"一朵花，一个世界；一滴泪，一个天堂"。在我们生活中那些看似不起眼的细节里，处处都藏着值得我们感恩的地方，感恩往往是转化成了一个个自发的充满爱意的行为，播撒在每个平凡而实在的日子里。

如果我们有一颗感恩的心，我们的生活就会沉淀出许多的浮躁和不安，消融掉许多的不满。

在构建和谐社会的今天，感恩意识是使家庭关系、人际关系、社会关系和谐的一种重要的"润滑剂"。对亲人、对他人、对社会、对祖国，我们需要有心存感激的意识，需要有知恩必报的良知。

怀有一颗感恩的心，才更懂得尊重。尊重生命、尊重劳动、尊重创造。

怀着感恩的心，诗人艾青在他的诗中写道："为什么我的眼中饱含泪水，因为我对这片土地爱得深沉。"

听说过一个人向树道歉的故事吗？听说过所有正在行驶的汽车为狗让路的故事吗？这些真实的故事，体现着人对生命的关爱，体现着人对生命的尊重。

当我们每天享受着清洁的环境时，我们要感谢那些保洁工作者；当我们迁入新居时，我们要感谢那些建筑工人；当我们出行，要感谢司机……懂得感恩，就会以平等的眼光看待每一个生命，重新看待我们身边的每个人，尊重每一份平凡普通的劳动，也更加尊重自己。

怀有一颗感恩的心，才更能体会到自己的职责。在现代社会每个人都有自己的职责、自己的价值。

当感动中国十大人物之一的徐本禹走上银幕时，人性的善良再一次被点燃，这个原本该走入研究生院的大学生，却义无反顾地从繁华的城市走进了大山。

这一平凡的壮举让每一个人的眼前一亮，也点燃了每一个人内心未燃的火种。而让他做出这一抉择的理由很简单：怀着一颗感恩的心。徐本禹用他感恩的心，为大山里的孩子铺就了一条爱的道路，传播了知识和希望，完成了他的职责，实现了他的人生价值。

怀有一颗感恩的心，不是简单的忍耐与承受，更不是阿Q，而是以一种宽宏的心态积极勇敢地面对人生。

一个人要学会感恩，对生命怀有一颗感恩的心，心中才能真正快乐。一个人没有了感恩，心就全部都是空的。"羊羔跪乳"，"乌鸦反哺"，"赠人玫瑰，手有余香"，"执子之手，与子偕老，"这些都因怀有一颗感恩的心，才芬芳馥郁，香泽万里。

所以，我们要感谢你，我们生命中往来的路人，让我们懂得淡来淡去才不牵累于心灵，感谢有你，来来去去，我们都会珍惜；感谢你，我们生命中所有的师长，让我们懂得知识的宝贵，感谢有你，岁岁年年，我们都会铭记。

感谢你，我们生命中的挚友，快乐有你分享，悲伤有你倾听，感谢有你，忙忙碌碌，我们都不会忘记；感谢你，我们至真至爱的亲人，在岁月途中，静静地看护着我们，挡风遮雨，让我们在被爱的幸福中也学会了如何去爱他人，感谢有你，日日夜夜，我们都留在心里。

感谢日升日落，感谢快乐伤痛，感谢天空大地，感谢天上所有的星星，感谢生活，感谢得到和失去的一切，以及无所得无所失的一切的一切，让我们在草长莺飞的季节里拈起生命的美丽！

亲爱的朋友们，让我们怀着感恩的心面向世界吧！让我们怀着感恩的心对待我们的生活吧！只要我们对生活充满感恩之心，充满希望与热情，我们的社会就会少一些指责与推诿，多一些宽容与理解，就会少一些争吵与误会；多一些和谐与温暖，就会少一些欺瞒与冷漠；多一些真诚与团结，我们将永远年轻……

　　青少年朋友们，让我们一起来静静地聆听《感恩的心》这首歌，学会感恩吧。

> 我来自偶然，
>
> 像一颗尘土，
>
> 有谁看出我的脆弱。
>
> 我来自何方，
>
> 我情归何处，
>
> 谁在下一刻呼唤我。
>
> 天地虽宽，
>
> 这条路却难走，
>
> 我看遍这人间坎坷辛苦。
>
> 我还有多少爱，
>
> 我还有多少泪，
>
> 要苍天知道，
>
> 我不认输。
>
> 感恩的心，
>
> 感谢有你，
>
> 伴我一生，
>
> 让我有勇气做我自己。

　　　　感恩的心，

　　　　感谢命运，

　　　　花开花落，

　　　　我一样会珍惜。

　　　　……

关爱他人，使人生更有价值

　　关心是爱的基础。毫不关心，肯定不会爱什么。越是有爱心，就越会关心。因此，人们通常把它们放在一起：关爱。

　　不懂得关心家人和朋友的人必然是一个自私冷漠的人，他也不值得别人去爱他。幸福并不是自己得到什么，而是把你的给他，他的给我，我的再给你，用自己的心换来的爱，才是真正的幸福。

　　学会关心比只会享受关心更重要。关心别人的人，会为别人的快乐而快乐，也会为别人的痛苦而痛苦，会因此而显得有血有肉，丰富多彩。

　　青少年朋友，让我们来看一个小故事吧。

　　　　有一次，坐公共汽车时，我"抢"到了一个位子，在司机的旁边，上车下车都非常方便。车开出一站后，就上来一位老奶奶。

　　　　"有没有人给这位老奶奶让座呀？有没有人给这位老奶奶让座呀？"我的耳朵差一点点儿就被震聋了。

　　可是车上还是一片沉默，似乎每一个人都是木头人。老奶奶充满光泽的眼睛突然黯淡了下来。

　　那时，我正在犹豫："到底要不要给这位老人让座？"

　　我猛然站起来说："奶奶您坐吧！"我的声音太响亮了，所有人的眼睛都看着我，我脸上不由得发红。

　　那位老奶奶露出了微笑，司机也用赞许的眼光看着我。

　　老奶奶用不是很标准的普通话对我说："来，孩子，来，和我一起坐下。"老奶奶一边说，一边还摸摸我的脑袋。

　　这位老人的亲切让我羞愧不已，因为我在让座时曾经有过片刻的犹豫。不过，我终于战胜了自己，帮助了一个需要帮助的人。下车后，我心跳不由自主地加速。不是害怕，而是兴奋，帮助人的感觉真好啊！

　　这位小朋友曾经犹豫，要不要让座，但是，他最终战胜了犹豫，帮助了老奶奶。所以，他赢得了赞赏，也得到了快乐，更让别人得到了快乐，这就是关爱的真谛！

　　爱是一缕神奇的阳光，能让凛冽的寒冬变成阳光明媚的暖春。爱是一把神奇的钥匙，能打开任何心灵的门，无论是生了锈的，还是沉睡了很久的。爱是一种神奇的药，能让一个痛不欲生的人变得开朗……爱，就是这么神奇。

　　如果没有爱，我们的地球就变成一座坟墓。爱是生活中不可缺少的。当你呱呱落地的时候，爱就成了你的第一门课，父母对你无比关爱，你就是在爱的海洋里长大的。然而，我们又关爱过多少人呢？

　　早晨，当我们还赖在被窝里不肯起床时，爸爸妈妈早已经起床，为一天的生活开始奔走了；当我们起床时，爸爸妈妈已经站在了工作岗位上；冬天，当我们吃着温暖的早餐时，爸爸妈妈却早已迎着寒风戴着雪花，带着对我们的关爱，开始了辛苦的工作……

父母给予了我们很多的关爱，但是，我们给父母的关爱有多少呢？当父母下班回家时，我们应该为他们递上一杯热茶，让他们的疲劳减轻一些；然后做一些力所能及的家务，让他们多休息一会儿；晚上，放一盆热水，让他们把脚泡一泡，让他们消除一些劳累，让他们也享受一下关爱。

同样，关爱不能只存在家里，还要对自己身边的人多加关爱。

朋友有困难的时候，我们伸出援助之手；朋友得到惊喜和奖励的时候，我们告诉他不要骄傲，再接再厉；朋友孤独寂寞的时候，我们帮他驱走孤独，带来快乐……通过关爱，我们获得了友谊，赢得了快乐和尊重。

一个班级就是一个大家庭，同学之间是兄弟姐妹，彼此要互相关心、互相礼让。有时，当同学有几道题不会做，你可以把题仔细讲解给他听，他懂了，关爱也有了，友谊也加深了，这何尝不是一件快乐的事情呢？

过马路时，发现一位盲人，你可以顺道把他送过马路，他会知道，世上关心他的人还有很多呢！当我们在漂亮的公园玩耍时，发现一片刺眼的垃圾碎片时，为何不把它随手捡起，扔进垃圾桶里呢？

青少年朋友们，当我们在享受别人的关爱时，我们也可以给予别人关爱。如果我们曾经不懂也没有去做，今后可以学着去给别人关爱与快乐。

关爱是一片天空，给人无限的希望；关爱是一盏明亮的灯，照亮人们美好的未来。人是万物之灵，人与人之间的关系也只有用爱编织才能天长地久，如果你留意，每时每刻你都在周围人的关爱之中生活。

青少年朋友，学会关心别人吧，关心是一种付出，关心是一种奉献，关心是一种美德，让我们从一点一滴的生活小事做起，学会理解，学会关心，学会做人。"爱人"是帆，"爱己"是船，只有彼此的推动和支撑，才能使爱心长存，爱意永驻。

青少年朋友，学会关心别人吧，它会使你在人群中不孤单，不被排斥，永远得到别人的关爱。你遇到了麻烦，正当焦头烂额之际，一大帮人会突然出现在你面前，帮你解决问题。当你向他们道谢的时候，他们会说："没什么，你不是也帮过我们吗？"

青少年朋友，学会关心别人吧，它会使你的生活充满阳光，充满欢笑。那些被你关心过的人，也会变成你的朋友。

青少年朋友，学会关心别人吧，它会使你的人生更有价值。

也许，当我们到了古稀之年，回想自己的一生，有许多人因为我们的关心而事业有成，家庭美满，那时我们会感觉自己的存在是有价值的。

平等待人，使友爱长留人间

心理学研究表明，我们每个青少年都有友爱和受尊重的欲望，而且这些欲望非常强烈。那么，朋友，请想想，我们该如何获得友爱，赢得尊重呢？当然，要求很多，不过平等交往是其中最重要的方面之一。

如果我们能以平等的姿态与我们周围的人沟通，对方会觉得受到尊重，从而对我们产生好感。相反，如果我们自觉高人一等，居高临下，盛气凌人地与人沟通，对方会感到自尊受到了伤害而拒绝与我们交往。

在我们平时的人际交往中，不论职务高低，不论家资贫富，人格都是平等的。我们提倡的原则是：对所有的人都应当一视同仁，平等交往。

交往绝不能嫌贫爱富。因为人所处的环境条件、客观机遇是不同的，人与人生活履历也有一定的差异，再加上其他种种原因，人与人之间的贫富差别总是客观存在的。

所以我们不应当让经济上的贫富之别影响了人际间的交往，因为不论贫富，所有的人在人格上都是平等的。对于富者，我们应当保持自己的尊严和人格；对于贫者，我们应当尊重他们，热情地帮助他们，关心他们，更不要在他们面前表现自己的优越感，切勿让自己的不当言行挫伤他们的自尊心。人与人的交往，只有辈分、长幼、主宾的不同，并无贫富之间的差别。

交往中绝不能以貌取人。有些人喜欢以貌取人，这是不对的，这种做法是既不明智，又比较庸俗，可能还有些危险。

我们看一个人应该主要要看其人品。相貌好看与否，衣着是否华贵，并不能够说明一个人的人品、修养、文化水平如何。相反，对那些过分讲究打扮、衣着华丽、浑身珠光宝气的人倒应当"敬而远之"了。

交往也不能以权取人。人的地位高低实际上只是职业的不同，所以不要对权大官高的阿谀逢迎、献媚取宠；更不要对平民百姓趾高气扬、不屑一顾。

不论职位高低、权力大小，每个人都是平等的。孔子曾经说过"上交不谄，下交不渎"，就是这个道理。人际交往中不能做"势利眼""巴结脸"的小人，这种人往往被人所不齿。

不嫌贫爱富，不趋势附炎，是中华民族所崇尚的一种高尚品格。历史上，这样的人物和事迹是数不胜数的。如周恩来被人们崇敬和爱戴，其中很重要的一个原因就是他用自己的人格魄力征服了所有的人，包括反对他的人。

在人际交往中，我们一定要把自己摆在与对方同样的位置，不以权压人，不以强凌弱，不拿架子，不摆资格，相互尊重，平等协商，不伤害、侵犯他人。

平等原则集中体现在人的自尊与相互尊重的关系上，这是正常人际关系建立的基础之一。交往者只有自尊才能产生提高自身修养的意向，只有相互尊重才能有深化交往、发展关系的可能。

相互尊重给人以心理强化的作用，使交往双方因对方对自己行为的肯定而强化了交往的需要。如果不尊重对方，使对方产生厌恶心理，就会失去交往的先决条件。这就是我们所说的，要想得到别人的尊重，首先就要尊重别人。

虽说我们都知道平等待人的重要性，但是境况比较好的朋友往往会时不时流露出自己的优越感，这也是需要避免的。

在你的身边，不爱言语的人不一定就口才不好；不爱表现的不一定没有东西值得炫耀，事实上，每个人都有他的长处，都有他得意的地方。我们身边的同学朋友也都是如此。因此，千万不要小看任何一个人，更不要在他们面前表现你的优越，多让他人表现自己的优越是我们做人的一大智慧。

人人都希望能得到别人的认可与赞赏，都在不自觉地维护着自己的形象和尊严，如果某个人的谈话过分地显示出高人一等的优越感，那么无形之中是对其他人自尊和自信的一种挑战与轻视，排斥心理乃至敌意也就不自觉地产生了。

人性的一大弱点就是争强好胜，人面对比自己优秀的人，常会增加心中的挫折感，也就自然而然地产生了反感。一个人，如果不善于隐藏自己的锋芒，处处表现得冲劲十足、能力超强，只能在无形中惹来嫉妒和猜忌。

因此，青少年朋友，我们经常要检查自己是不是自负了、骄傲了、看不起别人了。只有这样，我们才能够真正具备平等意识，而不是只在嘴上说说而已。

第四章
有见识的人必然有大格局

　　一个人拥有了足够的信息量，在外面见过了世面，才能提高自己的见识。而有了见识，才能理解自己不能理解，明白不能明白的事情，对事物发展方向和规律才能有个正确的把握，才能对未来有更好的判断。

　　人的见识常常和胆量连在一起，称为胆识。有了胆识，机会到了眼前才能抓得住，对人生才能做出大的布局，事业才会做大做强。

学会独立才能更优秀

由于父母的疼爱和精心呵护，一些人不自觉地养成了生活上的依赖性，遇事不是先想到自己去做，而是想到由别人做或靠别人帮助去做，长此下去，将严重影响自身的成长。

一般来说，这些人的依赖现象主要表现为缺乏信心，缺少对生活的热情，缺少对学习的兴趣，放弃了对自己大脑的支配权。这些人通常做事没有主见，常常采纳别人的意见，表现出缺乏自信心，总觉得自己能力不足，甘愿置身于从属地位；总认为自己很难做成一件事，时常需要他人帮助，处事优柔寡断，遇事希望父母或师长为自己做决定；喜欢和独立性强的同学交朋友，希望在他们那里找到依靠、找到寄托……一旦失去了可以依赖的人，这些人便会不知所措。

如果以上情况发生在自己的身上，那就要注意了——这说明自己已经有了依赖心理。那么，应该怎么办呢？来看看下面这位同学是如何做的吧！

记得去年暑假，我随学校到美国访问，这是我第一次离开父母独立生活，心里又兴奋又忐忑。临行前妈妈总是有些担心，不断叮嘱我："要学会照顾好自己。"爸爸说这是一次锻炼自己的好机会。

　　我也信心满满地说："放心吧，我能行。"就这样，我踏上了旅程，一切都很顺利，我和同学们很快来到了美国，看到了一个全新的世界，感觉一切都是那么的新鲜，同行的人都很兴奋，也玩得很开心。晚上回到寝室，我十分疲倦，往床上一倒就睡着了。

　　睡着睡着，只觉得大火烧身似的，口干舌燥，我使足了全身的力气，把手伸向床头柜上的杯子，但一不小心，我把杯子打碎了，也正是这声巨响把我惊醒了，瞬间才想起自己是身在美国，不巧的是自己在这个时候病了，回想以前在家时候妈妈关切的身影，觉得自己特委屈，泪水也情不自禁地流了下来。

　　可是，我又想到临行前自己在爸爸妈妈面前自信的表白，我就告诉自己，这点困难我若都克服不了，我以后如何在社会生存呢？我一定要学会照顾好自己，学会独立，这样才能适应瞬息万变的社会。

　　想到这里，我就赶忙下床拿出自己的杯子，接了满满一杯温开水，喝完后又去行李箱里拿出体温计量了量体温——39度。我赶紧拿出退烧药给自己喝，喝完后又想起了妈妈往日的唠叨："发烧就要多喝温水，多休息。"

　　我就一边喝着水，一边从塑料袋里取出一小团棉花，蘸了些酒精，轻轻地把酒精涂到自己手心里，过了许久，终于感觉烧有些退了，心里顿时觉得有了一种成就感，感觉自己这期间成长了很多。

　　第二天，我竟然奇迹般的好多了，然后接到了妈妈的电话，我告诉妈妈我在美国玩得挺好的，一切挺顺利的，尽管我没对妈妈说实话，但我是为了不让妈妈担心，也为这次能够独立的照顾自己感到高兴和自豪。

从美国回来后，我突然感觉自己长大了许多，懂得了无论在生活中还是在学习中，遇到任何困难，都要自己想办法去克服、去解决。这次的经历不仅使我磨炼了意志、选择了坚强，更让我学会了如何照顾自己、学会了自立。

相信大家也愿意和故事中的主人公一样，做一个能够自立的人吧！那么，大家可以从以下几个方面着手。

充分认识到依赖心理的危害

在日常生活中，大家要注意纠正平时养成的坏习惯，提高自己的动脑、动手能力，多向独立性强的同学学习，避免产生依赖心理。

在发生一件事的时候，第一时间应该想想要怎么做，不要什么事情都去指望别人去帮自己处理。遇到问题要作出属于自己的选择和判断，加强自主性和创造性，学会独立地思考问题——独立的人格要求独立的思维能力。

不过分依靠亲友

世界上每个人都是独一无二的，都是一个独立的个体，每个人都应该能独立地、很好地生活。朋友是随着生活的变动而不断变动，也许现在的朋友是自己最好的朋友，但是分开后大家的生活圈子中会出现其他的朋友，其他人就可能成为自己最好的朋友，那时大家也许淡忘了现在的朋友。因此，不要过分地依赖身边的亲人和朋友，因为他们可能随时离去。

　　大家应该明白，父母终有一天会老去，自己不可能永远在他们的保护下生活，自己总有一天要到社会上去工作、去生活，很多事情都需要自己去面对和承受，只有大胆地接触社会，大胆地接受失败，不断积累人生经验，独立的翅膀才会飞得更高更远。如果总是带着怕被人伤害的思想，不敢踏出成长的步伐，那么自己将永远不能长大，甚至可能成为父母的负担。

　　总之，学会独立面对生活中的一切，才能更好地度过未来生活的每一天。

独立自主才能自力更生

　　众多周知，在大自然中遵循的法则是"适者生存"。只有具备了独立自主的能力，才有可能快速适应外界环境的变化，进而得到发展。

　　小鹰的成长过程能给大家带来这方面的启发。

　　小鹰成长是一个十分残酷的过程。鹰妈妈给了小鹰第一次生命，然而第二次、第三次生命却要靠小鹰自己争取回来。因为在鹰家族中，每一只小鹰要成长为翱翔于天际的雄鹰，都必须经历多次"鬼门关"，过了这些坎，小鹰才能长成雄鹰。

　　如果小鹰不能自立生活，就将被自然界淘汰——这种结局连鹰妈妈也无能为力。小鹰在第一次脱毛时，就面临着第一道坎，这道坎完全是凭借着小鹰自己的意志力去与生命抗衡的。

在这场激烈的锻炼过程中，那些不能自立、没有毅力的小鹰就将被淘汰出局；而那些具有顽强毅力、能离开妈妈的呵护而自立的小鹰才能生存下来。每一只小鹰都必须学会展翅高飞，这也是它们得以生存的必然要求。

同样，小鹰在练习飞翔的时候也必须要具备自立自强的坚韧意志，否则在历练时尤其是鹰妈妈要把小鹰推下山崖之时就性命难保。有这样一个故事：

一个中国留学生，以优异的成绩考入了美国一所著名的大学，由于人生地不熟、思乡心切加上饮食生活等诸多的不习惯，入学不久便病倒了，更为严重的是，由于生活费用不够，他的生活甚为窘迫，濒临退学。

在那里，给餐馆打工一小时可以挣几美元，可他嫌累不干。几个月下来，他所带的费用所剩无几，学校放假时他准备退学回家。

回到故乡后，在机场接他的是他年近花甲的父亲。当他走下飞机扶梯的时候，立刻看到自己的父亲，便兴高采烈地向他跑去。

父亲的脸上堆满了笑容，他张开双臂准备拥抱儿子。可就在儿子搂到父亲脖子的一刹那，这位父亲却突然向后退了一步，孩子扑了个空，一个趔趄摔倒在地。

　　他对父亲的举动甚为不解。父亲拉起倒在地上已经开始抽泣的孩子，深情地对他说："孩子，这个世界上没有任何人可以做你的靠山，当你的支点。你若想在激烈的竞争中立于不败之地，任何时候都不能丧失自立、自信、自强，一切全靠你自己！"说完父亲塞给孩子一张返程机票。

　　这位学生没跨进家门便直接登上了返校的航班。返校后，他下定决心，自强、自立，没有钱，他就去餐馆给人洗碗赚钱，在空闲的时间里，他抓紧时间，努力把从前的功课补上，并且利用休息的时间，写了很多论文，发表在有国际影响力的刊物上。

　　不仅如此，半年后，结业考试时，他获得了学院里的最高额奖学金。

　　上面的故事告诉我们一个道理：每个人出生在什么样的家庭，有多少财产，有什么样的父亲并不重要，重要的是不能将希望寄托于他人，只要永不言弃，自信、自强、自立，就一定能获得成功。

　　我们青少年应该逐步摆脱对父母的依赖，学会独立生活。那么，怎样才能做到独立自主呢？请大家参考以下的方法。

自己的事情自己做

　　青少年的自制力较弱，为了督促自己，大家可以把自己应该做的事情一件一件列出来，然后逐步去培养自己的自理能力。比如，我们可以学做简单的饭菜、洗洗衣服等。

自己的主意自己拿

　　大家应树立自立意识，学会自主决策，不随波逐流。自主决策就是根据自己的兴趣、爱好和特长，确定一个明确的目标，作出决定，做自己想做的事情，并下决心把它做好。

自己管理自己

自我管理能力是自立能力的一个重要因素。要学会自己管理自己，先要克服一些不良习惯，例如懒惰、有始无终、拖拖拉拉、无计划、马虎凑合、轻易原谅自己等；然后要树立奋斗的目标，目标的确立不仅要根据自身的条件，如兴趣、爱好、智力、能力、气质、性格，还要考虑环境条件；最后要积极参与多种活动，在学习活动、体育运动、社会服务等活动中锻炼自己的自我管理能力。

当然，在这里需要指出的是，学会独立，并不是拒绝吸纳别人的意见。在学会独立的过程中还需要老师和父母的指导，不要做超出自己能力的事。不断培养自己的自理能力，学会独立自主，是在走向成功的道路上迈出的重要一步！

自己能做的事情自己做

小时候，幼儿园老师就告诉我们："自己的事自己做。"但现实社会中，还是有很多人离开了父母，自己几乎就不能正常生活了。这就是缺乏独立性的表现，应当尽快地予以克服，否则就可能会遇到下面故事中小娟遇到的情况。

新学期开学了，第一次上寄宿学校的高一女生小娟，在妈妈的陪同下到学校报到注册。之后，妈妈又为她挂上蚊帐，铺好床单，买好饭菜票。妈妈临走时，小娟拉着妈妈的手怎么也不肯松开。妈妈只好又对小娟说了好多注意事项。

终于，妈妈离开了学校，但转眼间，麻烦事也来了。傍晚，小娟到学校的浴室去洗澡。等全身淋湿后，她才突然想起自己没带洗涤用品和替换的衣服。

因为在平时，这些事都是妈妈为她做好的呀！那么，现在该怎么办呢？小娟既不知道自己该怎么洗下去，又想不出擦干身子的办法，只好在浴室里号啕大哭起来……

和小娟相比，跟她同一天入学的小军就做得很好。

因为家庭环境的关系，小军上学没有人能送他。到了学校后，在高年级同学的指引下，他顺利地来到宿舍，并把自己的用品整理好，然后就在校园里转了起来。

校园很大，可是小军还是把校园里的每一个角落都走了一遍，并把主要的功能楼和生活区都弄得清清楚楚。在熟悉了新的环境后，小军觉得踏实了不少。

到了傍晚，小军准备好了洗涤用品和替换的衣服，去学校的浴室很轻松地完成了洗澡，然后又到食堂里买好饭菜票，并吃了晚餐。第一次离开家的小军在独立完成了这些事情之后，觉得自己成熟了很多……

其实，在日常生活中，像小娟和小军这样的同学有很多。大家是愿意像小娟一样不能独立生活，还是愿意像小军一样自己的事情自己做呢？如果希望自己像小军一样变得独立成熟，那么，从现在开始，自己能做的事就自己来完成吧！随着自己的日渐成长，大家必须肩负起属于自己的责任，这份责任就是"自己的事情自己做"。

下面再来看看安琳同学是怎么做的吧。

　　安琳是一名13岁女学生。豆蔻年华的她，本应得到父母的百般呵护，但由于母亲病重，她小小年纪便挑起生活的重担。

　　在安琳6岁那年，她的妈妈突患重病，最终导致下肢瘫痪，生活不能自理。为了给妈妈看病，不但家里的积蓄花光了，还欠下了十几万元的债务。为了能多挣点钱给妈妈治病，爸爸早出晚归外出打工，从此照顾妈妈的任务便压在了刚刚上学的安琳身上。

　　每天天刚蒙蒙亮安琳就起床，然后穿好衣服，洗脸做饭，再把做好的饭端到妈妈的床头，给妈妈倒好水、放好药，等妈妈醒来后吃饭、服药。为了减少生活开支，她又学会了蒸馒头、包水饺、炒小菜。生活的重负下，她一直勤于学业，科科成绩名列前茅……

　　她伺候妈妈吃饭、洗头、洗脚、给妈妈熬药，收拾家务，管理菜园。有时做点荤菜，她总是仔细地把肉片挑出来，端给妈妈吃。她说："如果我能替妈妈分担一点痛苦，我心里也会变得高兴一点……"为了让妈妈高兴，她一有时间就和妈妈聊天，学校的新鲜事、趣事都和妈妈说说。她的孝心受到了邻里和学校老师的一致称赞。

　　困难并没有让小安琳屈服，反而让她更坚强和乐观。为使家务料理与学习两不误，她学会了科学合理地安排时间，当同龄人在妈妈的陪伴下进入梦乡的时候，安琳却刚刚做完家务，开始写作业，从来没有因为家务劳动而影响学习。

自己的事情自己做，意味着要独立安排自己的生活，要离开父母和老师的庇护，自主处理学习、生活中遇到的难题，要靠自己的双手去开创属于自己的事业，创造多彩的生活。那么，具体应该怎么做呢？

要学会劳动，从身边的小事做起

热爱劳动，在劳动中体会到生活处处离不开劳动，是劳动创造财富，创造了辉煌，是劳动创造人类所需的一切。大家可以先学着自己的事自己做，然后还要学着帮助父母做事，例如拖地、洗菜、做饭等。

要克服自己的依赖思想

依赖思想对人们的发展是很不利的，它不仅会使人丧失独立生活的能力，还会使人缺乏生活的责任感，造成人格的缺陷，只想过不劳而获的生活。要知道，只会贪图享乐的人，是不能适应社会生活的。

总之，生活的路得自己走，自己的事情自己做有助于拥有美好的人生，有助于战胜困难和挫折，使自己更好地生活，让自己的未来充满阳光。

勇敢做自己的主人

在人生的路上，谁可以决定自己的命运？可以毫无疑问地说，能决定自己命运的只有自己。只有勇敢地做自己，才能让人生更加辉煌与阳光。

一起来看看美国女演员索尼亚的一段亲身经历吧！

索尼亚的童年是在渥太华郊外的一个奶牛场里度过的。当时她在农场附近的一所小学里读书。

有一天，她满脸泪痕地回到家里，父亲问其原因。她断断续续地说："班里的同学说我长得丑，还说我跑步的姿势难看。"

父亲听后并不说话，只是微笑。忽然，父亲对她说："我能摸得着我们家的天花板。"

索尼亚听后觉得很惊奇，不知父亲想说什么，便停止了哭声反问道："你说什么？"

父亲又重复了一遍："我能摸得着我们家的天花板。"

索尼亚仰头看看天花板。父亲能摸得到将近四米高的天花板？她怎么也不相信。

父亲笑笑，得意地说："不信吧？那你也别过度在意你同学的话，因为有些人说的并不符合事实！"

索尼亚明白了，任何事，都不能太在意别人说什么，要按自己的想法去做。

索尼亚在二十四五岁的时候，已小有名气。有一次，她要去参加一个集会，但经纪人告诉她，因为天气不好，只有很少的人参加这个集会，会场的气氛有些冷淡。经纪人的意思是，作为新人的索尼亚，应该把时间花在一些大型的活动上，以增加自身的名气。索尼亚坚持要参加这个集会，因为她在报刊上，承诺过要去参加。

结果，那次在雨中的集会，因为有了索尼亚的参加，渐渐地，广场上的人越来越多，她的名气和人气因此骤升。

面对同学的嘲笑，索尼亚的父亲告诉女儿，不要过度在意别人的话，要自己拿主意，因为自己的路要自己走，自己的命运要自己把握，如果太在乎别人的话，就会让别人牵着自己走，那么，这样的人生还有什么意义呢？

命运总是掌握在自己手中。人生面临的重要问题就是"如何主宰自己的命运，做自己的主人"。能掌握自己命运的人，通常是独立的人，能称得上是自己的主人。他们有自己的思考，更有自己的辨别能力，在一些事物面前，分得清轻重缓急。这种人，往往能以自强奋起的精神，无所顾忌地走自己的路。

做自己的主人，要注重生命，把握住一切安全的根本。只有生命的存在，才会有人生的价值。要知道，人不仅是为自己活着，在很大的程度上还是为周围的环境而活着。每一个人都在一定的社会地位中生活，存在于社会，同时也影响社会，对社会的贡献大了，就说明其存在的价值高了。只有活得愉快，才能以积极的态度从事社会的活动、为社会创造更多的价值。

经常有人说："路就在你的脚下，看你如何去选择，如何去走。"诚然，天下无论多少条路，都得靠自己去选择，自己去走。俗话说："出身不由己，道路可选择。"也就是提倡，自己做自己的主人，走自己所选择的道路，学会改变自己生存的环境。这一点，别人是永远无法替代的。

做自己的主人，应该做命运的主人，自己掌握命运，不要由命运来摆布自己。很多人难以把握住自己的命运，例如，在关键的时候，把握不住机遇；在迈出关键的一步时，总是瞻前顾后、犹豫不决。如此一来，自然就把握不好命运了。

因此，大家要学会主宰自己命运，勇敢地做自己的主人。选择自己要走的路，不被外界的事物干扰，向着自己的目标勇往直前，相信大家都能够取得成功。

成功源于当机立断

在生活中，人们随时随地都要做出决定。有的决定很容易做出，例如想要吃什么饭；有的决定则要难些，例如想要考取哪所学校。人们做出的选择决定着以后将会得到的结果，所以，在做决定时，选择当机立断意义重大。

遇事当机立断、敢于拍板，是一个人果断个性的直接反应，是每一个追求成功的人应该具备的个性特质。一个人只有具有敏捷的思维，能够及时做出决断，才能在复杂多变的社会中，应付自如，从而取得成功。

综观古今中外，成大事者遇事鲜有退缩，他们对事情总有自己的看法和态度，并且当机立断，能够在千钧一发的紧急关头，作出正确的选择。

希腊船王欧纳西斯年轻的时候在阿根廷做烟草贸易和运输买卖。有一年全世界范围内发生了经济危机，加拿大一家铁路公司为了度过危机，准备拍卖产业，其中有6艘货船，十年前价值200万美元，如今仅以每艘2万美元的价格拍卖。他得到这个消息后，决定买下这6艘船。同行们对他的想法嗤之以鼻。

因为，从当时看来，海上运输业实在是太不景气了，海运方面的生意只有经济危机之前的1/3，这样的状况谁还会傻得去从事海运行业呢？一些老牌的海运企业家都纷纷转行了。然而，他经过一番思考之后，果断决策：赶往加拿大，买下拍卖的船只。

别人对他的举动瞠目结舌。大家都觉得他太傻了，这不是白白把大把的钞票往海里扔吗？于是，有人偷偷笑他愚蠢至极，也有人在背后悄悄议论他的精神有点问题，一些亲朋好友则劝他不要做赔本买卖。

事实上，他有自己的主意，他是经过缜密的思考才做出决断的。他认为经济萧条只是暂时的现象，危机一旦过去，物价就会从暴跌变为暴涨，如果能趁着便宜的时候把船买下来，一定能够赚到可观的利润。

　　果然不出所料，经济危机过后，海运业迅速回升，他从加拿大买回来的那些船只，一夜之间身价陡增。大量财富源源不断地向他涌来。

　　有人说，他的成功是偶然的。事实上，欧纳西斯找到了成功的秘籍——当机立断。有一位经济学家评价欧纳西斯说："他很会到其他人认为一无所获的地方去赚钱。"可见，一个人具备了当机立断的个性，才有谋大事、成大事的基础，而犹豫不决则会一事无成。

　　任何人的成功都离不开明智的思考和果断的决策。只有敢于决断，善于决断，才能把握时机，取得成功。

　　那么，怎样才能让自己具备当机立断的能力呢？下面是在做出决定前，需要问自己的六个问题，它们能够帮大家当机立断地做出正确的选择。

这个选择能体现自己的价值吗

　　无论一个选择看起来如何诱人，但如果它和正确的道理背道而驰，那么就应该将其从列表中划掉。不要迷恋着去做那些注定会后悔的事情。大家应该以能否实现自我价值的标准来评估每一次选择，那样就可以避免很多遗憾，并且有助于自己做出聪明的选择。

这个选择最坏的结果会是怎样

　　在做出一次不同寻常的选择时，知道可能的最坏结果是什么，会帮大家及时地评估出潜在的危险。如果做出的选择风险太大，那就应该将其放弃。而且，事先想好了最坏的结果能让大家做出相应的准备，这样，即使糟糕的事情真的发生了，大家也能够最大限度地减少其带来的损失。

这个选择长期和短期的优势是什么

在做出一种选择时，大家应该同时以长期和短期这两种眼光来评估它的效果。有些选择可能在短期内对大家造成一些小的不利之处，但这可以忽略不计——只要它在长远的未来能发挥出更大的积极作用，其实这也许就是大家想要的选择。不要仅仅因为一条路简单易行就选择它，短视的决定很可能会让自己在将来的路上跌大跟头。

这个选择与自己的目标一致吗

哪种选择和自己的整体目标最为接近？"越接近越好"是做出决定时要考虑的因素之一，也是很重要的一点。大家肯定不希望错过对自己来说十分重要的目标，所以在做出任何重要选择之前，要先在脑子里明确"什么对自己最重要？"要确保自己做出的选择直接针对重要的目标。

这个选择付出的是什么代价

通常来讲，当大家在众里挑一地做出某种选择时，该选择其实属于一种替代行为。换句话说，大家放弃了一件事，从而得到了另一件。这个选择会让自己付出什么代价？它也许会让大家付出时间、金钱或者是让大家因此而失去另一次机会。要仔细想好这些，因为有时做出一个选择会彻底关闭另一扇机会的大门。把所有这些得与失都考虑清楚，将有助于衡量出选择的轻重，从而做出明智的决定。

以前尝试过这样的选择吗

回头看一看过去选择的结果，通常会对未来将会发生什么有一定的参照作用。大家需要研究一下，看看此种选择在过去曾经对自己或者是他人有过怎么样的影响。不要就一时一事来下结论，要确保从真正可靠的途径获取最有价值、最切实的信息来做参考，以帮助自己做出最佳的选择。

如果大家能切合实际地回答上面几个问题，那么大家就能够更有效地权衡摆在自己面前的各种选择了。这些问题将会指导大家做出更好的选择，而更好的选择无疑能够改进生活品质。

然而，值得注意的是，没有人是完美的，大家不可能百分之百准确地预见未来的情况。所以，如果自己偶尔出现了一次失误，也不必太苛责自己，关键是能从中吸取教训，以便下次能做得更好。

在生活中培养自己当机立断的个性，可以令大家迅速地发现机会，并能够在机会来临时抓住它——这无疑是成功的捷径。大家在把握机会的过程中，只有做到当机立断，才会使成功的希望上升。

从多方面培养果断能力

小时候，大家遇到问题往往由父母代为做决定、拿主意，但是，父母不可能一直陪在大家身边，替大家拿主意。当大家长到一定的年龄后，就需要自己拿主意、自己做决定了。这时，如果大家表现出拿不定主意、犹豫不决、不果断，就说明大家的意志还比较薄弱。

意志薄弱通常是父母的过于保护和过分严格造成的，就像下面这个同学的故事一样。

吴小雨是一名七年级学生，她虽然学习成绩很好，但做事没有主见，总是一遇到事情就问妈妈。

一次，学校要举行朗诵比赛，吴小雨告诉妈妈："妈妈，老师想让我参加朗诵比赛……"

妈妈说："这是一件好事。你报名了吗？"

吴小雨说："还没有。"

"为什么？"妈妈问。

吴小雨说："我不知道到底该朗诵哪篇文章。妈妈你能帮我想一下吗？"

妈妈对她说："这是你自己的事，你要自己拿主意！"

结果，吴小雨到朗诵比赛前也没有决定下来自己想要朗诵的作品，最后错过了这次比赛。

父母对孩子过于保护，使得孩子的依赖性很强、无独立做事的经验，一旦遇事需要自己来拿主意时，他们就会不知所措，四处寻求别人的帮助。

另一方面，有的父母对孩子要求过分严格，造成孩子自信心不足。有时，父母望子成龙心切，对孩子往往期望过高，总是不满意孩子的表现，赞许少，批评多，结果，孩子常常感到失败的痛苦，无法建立自信，害怕做错事，这样一来，就会使得孩子遇事时更拿不定主意了。

因此，大家应该着力培养自己果断处事的能力。以下几点做法会为大家提供有益的帮助。

培养"闯"的精神

综观众多优秀青少年，但凡取得了骄人成绩者，无不具有"闯"的精神。敢于"闯"出去的精神构成他们在重大历史时刻善于决断、勇敢变革的做事风格。为此，大家也要从现在起，培养自己敢"闯"

的精神，做事和做决定时要敢说、敢冒险，锻炼自己在处理事情时能够果断地做出决定。

珍惜每一次机遇

人生中每一次机遇都是可贵的，"机不可失，时不再来"，珍惜机会的人大多能在关键时刻多谋善断、大胆有为。

做一个勇敢的人

勇敢的人不惧怕失败的压力，对未来更有信心，并且在机会来临时更善于行动，把机遇变成现实。而怯懦的人患得患失，会错失发展良机。

认定的事情要立即去做

大家是否有过这样的经历：在成长的路上，当自己遇到各种挫折时，总是习惯抱怨人生坎坷、事事不顺、成功更是遥遥无期，甚至对自己失去信心。

人生最大的敌人是自己，如果自己能战胜犹豫不决、办事拖延、行动缓慢等不良习惯，做任何事情都立即行动、日事日清，并且持之以恒、贯彻始终，就一定能在学习和生活上取得成绩，并最终实现自己的理想。

下面讲的就是一个真实的故事。

1973年，英国利物浦市一个叫科莱特的青年，考入了美国名校哈佛大学，经常和他坐在一起听课的，是一位18岁的美国小伙子。

大学二年级那年，那位小伙子和科莱特商议，一起退学，去开发软件。当时，科莱特感到非常惊诧，因为他认为自己是来求学的，不是来闹着玩的。再说，他们才学了点皮毛，要独立开发软件，不学完大学的全部课程怎么能行呢？他委婉地拒绝了那位小伙子的邀请。

十年后，科莱特成为哈佛大学计算机系的博士研究生。那位退学的小伙子也在这一年凭借自己开发的软件进入了美国《福布斯》杂志亿万富豪排行榜。

又过了近十年，科莱特继续博士后的学习；而那位美国小伙子的个人资产，在这一年则达到65亿美元，成为美国第二富豪——那位小伙子就是名字已传遍全球、成为成功象征的比尔·盖茨。

比尔·盖茨的真实经历说明：想要做一件事，如果等所有的条件都成熟才去行动，也许会错过好的时机。拿定主意后，立即行动，才是成功的关键。

当然，并不是说学业不重要、要放弃学业才能成功，但大家可以像比尔·盖茨一样，当自己有了想法后，就立即行动。如果自己的条件不允许，或者自己的经验和知识不够，也可以选择一边学习一边做自己想要完成的事，但绝对不能待"万事俱备"后才去行动——那就只能看着别人成功，太可悲了！

可以说，很多成功执行者的真正才能就在于他们审时度势之后付诸行动的速度，这也是他们出类拔萃、取得成功的秘诀。什么事一旦决定，立即付诸行动是他们共同的特点，"现在就干，立即行动"是他们的座右铭。

那么，怎么才能做到"立即行动"呢？以下几点会给大家带来帮助。

不要等到条件都完美了才开始行动

如果想等条件都完美了才开始行动，那很可能永远都不会开始。因为总是会有些事情不是那么完美。大家必须在问题出现的时候就行动起来并把它们处理好。

做一个实干家

要实践，而不要只是空想。想开始实践吗？有没有好的创意作为班会的主题？今天就行动起来吧！一个没被付诸行动的想法在脑子里停留得越久越会变弱，过些天后其细节就会随之变得模糊起来，几星期后就会被全部忘记。在成为一个实干家的同时，大家可以实现更多的想法，并在其过程中产生更多新的想法。

得到执行的想法才有价值

想法本身不能带来成功，它只有在被执行后才有价值。一个被付诸行动的普通想法，要比一打被放着"改天再说"或"等待好时机"的好想法更有价值。如果有了一个觉得很不错的想法，那就为它做点什么吧！如果不行动起来，那么这个想法可能永远不会被实现。

用行动来克服恐惧

大家有没有注意到公共演讲最困难的部分就是等待自己演讲的过程呢？即使是专业的演讲者也会有演讲前焦虑担心的经历。但是一旦开始演讲，恐惧就消失了。通过行动来克服恐惧，是建立自信的良方。万事开头难，一旦行动起来，大家就会建立起自信，事情也会变得简单。

集中精力做好眼前的事情

先顾眼前，把注意力集中在目前可以做的事情上。不要烦恼上星期理应做什么，也不要烦恼明天可能会做什么。可以左右的时间只有现在。如果过多思考过去或将来，将一事无成。

理清做事的次序

做任何事情必须立即执行，这体现的是一种完美的执行态度。但是，在执行过程中，大家还应注重执行的正确性和有效性，始终坚持做正确的事。有的人整天忙忙碌碌的，大部分时间疲于应付、疲于奔命，最终还不清楚自己做了什么，觉得干得越多、离目标更远。

其实，问题就出在我们没有做到优先要务，没有坚持做重要而紧迫的事情，而是本末倒置、轻重错位。我们应该记住著名管理大师彼得·德鲁克说过的话："卓有成效的管理者总是把最重要的事情放在前面先做。"

能够"坚持做正确的事，正确地做事"就已经向成功迈出了一大步。但要最终获得成功，还需要一种善始善终、坚持到底、永不放弃的执着精神。只要大家坚持把简单的事情重复做，把平凡的事情持续做，就一定能成就不简单、收获不平凡。

做一个意志坚强的人

意志力的强弱，决定了一个人能够走多远。世界上没有绝望的处境，只有对处境绝望的人。意志力薄弱的人，一遇到困难就会退让。

所以，意志力是成就大事者的一项不可或缺的修炼。

现代生活中，很多父母都会有溺爱孩子的现象，在家庭教育上也只是紧盯着孩子的分数，而不注重非智力因素的培养，因此在客观上导致了孩子意志力薄弱的现象。

下面一起来看这样一个故事。

王宇是七年级的学生，学习成绩属于中等水平，家里的环境比较优越，而且是男孩子，很少做家务活，在学校里看到其他的同学学习成绩优秀，受到老师们的表扬，自己十分羡慕。

于是在七年级的第二学期初便下定决心，要让自己的成绩在班里也达到优秀的水平，于是便给自己定了一个学习的计划：早上6点起床早读；每天坚持课前预习；课后复习；认真完成作业；一学期下来要读四本名著。

刚开始的一段时间，王宇确实是6点就准时起床读书了，而且其他各个方面都表现得很好。一段日子过去了，天气变冷了，王宇就开始每天躲在床上睡懒觉。

从此以后，不知为什么，到了6点20分都没有看到王宇早读的身影，而且每天放学回家后也没有马上就把当天的功课完成，而是待在电视机前看自己喜欢的电视节目。作业也慢慢变得需要父母催才肯去做了。名著也看了个开头，接下来都没有看了，只摆在书柜中……

故事中的王宇就是一个典型的意志力薄弱的人。在现实生活中，很多人也都有这样的毛病。

请大家想一想：自己是一个意志力坚强的人吗？想做一个意志坚强的人吗？如果答案是肯定的，就应该从现在起努力培养自己的意志力。

战胜自己

磨炼自己意志力的过程，也就是不断战胜自我的过程。所谓战胜自己，就是在和外界力量的斗争中，要善于克服不利于发挥自己优势的消极因素，以增强自身的力量。

许多著名的科学家在其青少年时代并不出众，甚至在他们身上都存在不少明显的弱点。但是，这些杰出人物能正视自己的不足和弱点，并不断战胜和克服它。

鼓励、鞭策自己

榜样的力量是巨大的，许多先哲伟人的名言，包含着极为深邃的哲理，给人以巨大的激励和鼓舞。因此，大家可以借此锻炼意志。每天读一读经典的名言警句，让自己能够吸收更多的精神食粮。

多读好书

书籍给予人们的力量是巨大而长久的，通过多读好书，可以为自己找到意志锻炼的直接榜样。高尔基说："书籍是人类进步的阶梯。"莎士比亚也说："书籍是全世界的营养品……"为了锻炼坚强的意志，大家多去读好书吧！

忠于自己的诺言

一言既出，驷马难追。忠于自己的诺言，这应是一切意志锻炼者必备的基本素养。既然自己决心办到某件事，那就要尽量努力实现自己的诺言。

当然，忠于诺言也并非不顾客观条件一味蛮干到底，如果经过努力，确实难以实现或者需要对原计划、目标进行修改调整，也不必勉强，可根据实际情况对计划目标作适应调整。在这个实现诺言的过程中，意志是同样可以得到锻炼的。

在困难中锻炼

温室里的花朵经不起风吹雨打，舒适的环境培养不出坚贞不屈的勇士。只有勇于拼搏、知难而上的人，才能成为意志坚强的人。事实证明，越是困难的事情，越能锻炼人的意志力。

当然，为了取得良好的效果，在克服困难时，大家必须循序渐进，一步一步来，逐渐增加活动的难度。只有适当的、经努力可以克服的困难，才能成为培养意志力的手段。

拥有坚强的意志力

有人说，人生就如同登山，只有不断地奋勇攀登，才能到达预定的目标。人天生就有"往上爬"的内在动力，也就是说，人为了生存发展，要给自己不断提出目标，不断地前进。

其实，每个人的成长道路都不是平坦的，在人们的成长历程中，会遇到许多困难和挫折，但只有具有坚强意志的人，才能跨越困难和挫折，到达胜利的彼岸。在现实社会中，具有坚强意志的人是非常多的。

那么，应当如何培养自己坚强的意志力呢？让我们从下面几方面做起吧！

强化正确的动机

人们的行动都是受动机支配的，而动机的萌发则起源于需要的满足。什么也不需要或者说什么也不追求的人是不存在的。人都有各自的需要，也有各自的追求，只是由于人生观的不同，不同的人总是把不同的追求作为自己最大的满足。

从小事做起

著名作家高尔基说："哪怕是对自己的一点小小的克制，也会使人变得强而有力。"人皆可以有意志力，人皆可以锻炼意志力。

意志力与克服困难伴生。克服困难的过程，也就是培养、增强意志力的过程。意志力不很强的人，往往能克服小困难，而不能克服大困难。能克服大困难的人是意志力比较强的人。

小事情很多，大家可以从小事情做起逐步培养自己的意志力，例如，有的人好睡懒觉，那不妨每天睁眼就起；有的人"今日事，靠明天"，就可以把"今日事，今日毕"作为座右铭；有的人碰到书就想打瞌睡，那就每天强迫自己读一小时的书，不读完就不睡觉——只要天天强迫自己坐在书本面前，习惯总会形成，意志力也就油然而生。

培养兴趣

有人说兴趣是意志力的门槛，这话是有道理的。

昆虫学家法布尔对昆虫有特殊的爱好，他在树下观察昆虫，可以一趴就是半天。一位诺贝尔奖获得者曾说："我经常不分日夜地把自己关在实验室里，有人以为我很苦，其实这只是我兴趣所在，我感到其乐无穷的事情，自然有毅力干下去了。"

当然，人的兴趣有直观兴趣和内在兴趣之分，但两者是可以转换的。例如，有的人对学英语兴味索然，可是，学好英语是成才的需要，对这个需要有兴趣，才能强迫自己坚持学英语。在学的过程中，对英语的兴趣渐渐增强，这反过来又能进一步激发其坚持学英语的意志力。一个人一旦对某种事物、某项工作发生内在的稳定的兴趣，那么，令人向往的意志力就会不知不觉来到身边。

由易而难

有些人很想把某件事情善始善终地干完，但往往因为事情的难度太大而难以为继。对意志力不太强的人来说，在确定自己的奋斗目标、选择实现这一目标的突破口时，一定要坚持从实际出发，把握"由易而难"的原则。

徐特立学法文时已年过半百，别人都说他学不成，他说："让我试试看吧！"他知道自己记性差了，工作又忙，所以，开始为自己规定的"指标"，只是每天记一两个生词。这个计划起步不大，容易实现，看起来慢了一些，但能够培养信心，几个月下来，徐老不但如期完成计划，而且培养了兴趣，树立了信心，又慢慢掌握了学法文的"窍门"，以后每天可以记三四个生词了。

徐老的做法有辩证法的思想在里面。要是一开始在没有把握的情况下，就提出过高的指标，结果计划很可能实现不了，信心也必然锐减，纵使平时有些意志力的人，这时也容易打退堂鼓。

　　美国学者米切尔·柯达说过："以完成一些事情来开始每天的工作是十分重要的，不管这些事情多么微小，它会给人们一种获得成功的感觉。"这种感觉无疑有利于意志力的激发。

　　成功是对意志力的肯定和促进。实践证明，每一次成功都会使意志力进一步增强。如果用顽强的意志力克服了一种不良习惯，那么就能拥有继续挑战并获胜的信心。每一次成功都能使自信心增加一分，给自己在攀登悬崖的艰苦征途上提供一个坚实的"立足点"。或许面对的新任务更加艰难，但既然以前能成功，这一次以及今后也一定会胜利，正所谓：胜利时，需乘胜追击。

　　培养坚强的意志力不可能一蹴而就，而是要在逐渐积累的过程中一步步形成。这中间还会不可避免地遇到挫折和失败，因此，必须找出使自己斗志涣散的原因，才能有针对性地解决问题。

　　总之，培养意志力要从基础做起，一天一点进步，大家就会在胜利的道路上不断迈进！

墨守成规是人生的大忌

　　大家如果遇到问题，要敢于质疑。因为只有不断地提出疑问，才能有所进步。如果一味地囫囵吞枣，而不去咀嚼消化，那么就不会有能力的提高。只知其然，不知其所以然，知识就不会变成自己的。因此，要学会质疑，不能做思想上的懒汉。

　　什么是质疑？质疑就是提出疑问。在现实生活中，大多数同学习惯置身于老师的问题情境中，宁愿在课堂上受老师问题的束缚，也不愿自主地去探究；宁愿死记现成的答案，也不愿提出自己的看法。这是为什么呢？

相关的调查研究认为主要原因有以下三种：一是同学们不会质疑，怕提出的问题被老师、同学笑话；二是不敢质疑，怕问错了被老师责备；三是不愿质疑，也就是没有质疑的习惯——多数同学认为上课认真听讲，积极回答老师的问题就是好学生了。这些问题的存在，主要责任在于其自身。

可见，大家必须从自我出发，积极主动地去适应学习，不要做墨守成规的人。如何才能做到这一点呢？大家可以借鉴以下方法。

明确质疑的意义和作用，改变自己的学习观

心理学家肯·韦尔伯认为真正的学习是获得、理解或通过切身经验研究而掌握和创造知识的过程。这一过程的前提是自己能提出问题。

提出的问题要能反映自己对学习内容的投入思考和思维空间的开阔程度，问题越尖锐，越能反映自己的理解和体验，越能体现自己的学习质量。

这样，自己在学习中有参与感，有决定权，可以大大提高学习的积极性，也可增强学习的主动性。在这样的情景中学习与在老师的问题情境中学习，最大的区别就是自己始终处在一种参与的而非旁观的、探究的而非灌输的、体验的而非分析的、互动的而非静止的、开发的而非封闭的学习氛围中。

当然，要改变传统的学习观，不能仅满足于课堂上认真听讲，积极回答问题，还要懂得提出一个问题比回答一个问题更有价值。

学会质疑的方法，善于提出问题

不同的学科质疑的方法不尽相同。这里以语文学科为例来谈谈质疑的方法。

学习一篇课文，可以从词语的含义、作用等角度提问。例如，在我们学习《世间最美的坟墓》时，大家可以问在写托尔斯泰墓时，为什么写"没有十字架，没有墓碑，没有墓志铭，连托尔斯泰这个名字也没有"？

又如，在学习《故都的秋》时，大家可以问牵牛花为何"以蓝色和白色为佳"？还可以对段、篇进行质疑，通常可从立意谋篇布局、详略安排、材料先后次序安排、表现手法的运用、段落作用等角度质疑。总之，只要是学习中的疑难问题都可以提出来供大家讨论思考。

勇于质疑，敢于向权威挑战

在现实生活中，很多人都存在这样一种倾向——迷信书上说的、老师说的。

事实上，只要是以一定的事实依据作标准，按照理性的逻辑规则，寻找已有结论的不合逻辑、不合事实的矛盾，大家就可以质疑；或就一些理论、公式的烦琐推导过程提出自己的简便方法等。

例如，在学习《劝学》时，有同学提出荀子在论证学习要用心专一时，用蚓、蟹作论据是不当的。因为那是它们的生活习性决定的，而不是由用心专一或浮躁决定的。

又如，学习《孔雀东南飞》时，老师分析刘兰芝形象是聪明、贤惠。却有同学从兰芝自遣、临别前的艳妆等细节入手，分析刘兰芝的形象，认为刘兰芝是工于心计的女子。这一观点否定了老师对刘兰芝的形象定位，然而，这一观点又是有理有据的，因而也可看作是一种理性的分析，而不是妄言之辞。

养成喜欢质疑的良好习惯

"播种一种行为，收获一种习惯；播种一种习惯，收获一种性格；播种一种性格，收获一种生活；播种一种生活，收获一种人生。"养成质疑的习惯，不仅能防止思维惰化，还能使大家真正成为学习的主人。

要拥有创新的意识

大量的事实证明：平庸的人墨守成规，卓越的人善于创新。凡是主动寻求方法创新的人，是能够主动创新的人，也是爱提问的人。只有善于创新的人，才能在未来的生活中走得更快、更稳。

一般来说，当一个人具有批判思考能力时，其往往会表现出一些特点：对事物总是非常感兴趣，喜欢探索，不满足于现成的答案；喜欢获取各种知识，对于新奇的信息非常敏感；习惯用批判性思维来思考问题；相信论证的过程，敢于质疑权威和传统的观点；思想开放，从不扼杀新思想、新事物；能充分听取各种意见；能够认识到自己在思维上存在的某些定式、偏见或障碍；在评价他人时，总是从正反两方面来评价；在做出判断时，总是非常谨慎；对于他人对自己的质疑，会认真思考并接受；做事总是喜欢预想多种方案。

综上所述，质疑是因为对事物有独到的见解而对某些结论不轻易认同。只有多问、多学、多创新，才能改变自己墨守成规的习惯。